珍 藏 版

Philosopher's Stone Series

立足当代科学前沿

彰显当代科技名家

绍介当代科学思潮

激扬科技创新精神

珍藏版策划

王世平　姚建国　匡志强

出版统筹

殷晓岚　王怡昀

爱因斯坦
奇迹年

改变物理学面貌的五篇论文

Einstein's
Miraculous Year

Five Papers that
Changed the Face
of Physics

John Stachel

[美] 约翰·施塔赫尔 —— 主编

范岱年　许良英 —— 译

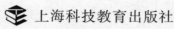

上海科技教育出版社

出版前言

"哲人石",架设科学与人文之间的桥梁

  "哲人石丛书"对于同时钟情于科学与人文的读者必不陌生。从1998年到2018年,这套丛书已经执着地出版了20年,坚持不懈地履行着"立足当代科学前沿,彰显当代科技名家,绍介当代科学思潮,激扬科技创新精神"的出版宗旨,勉力在科学与人文之间架设着桥梁。《辞海》对"哲人之石"的解释是:"中世纪欧洲炼金术士幻想通过炼制得到的一种奇石。据说能医病延年,提精养神,并用以制作长生不老之药。还可用来触发各种物质变化,点石成金,故又译'点金石'。"炼金术、炼丹术无论在中国还是西方,都有悠久传统,现代化学正是从这一传统中发展起来的。以"哲人石"冠名,既隐喻了科学是人类的一种终极追求,又赋予了这套丛书更多的人文内涵。

  1997年对于"哲人石丛书"而言是关键性的一年。那一年,时任上海科技教育出版社社长兼总编辑的翁经义先生频频往返于京沪之间,同中国科学院北京天文台(今国家天文台)热衷于科普事业的天体物理学家卞毓麟先生和即将获得北京大学科学哲学博士学位的潘涛先生,一起紧锣密鼓地筹划"哲人石丛书"的大局,乃至共商"哲人石"的具体选题,前后不下十余次。1998年年底,《确定性的终结——时间、混沌与新自然法则》等"哲人石丛书"首批5种图书问世。因其选题新颖、译笔谨严、印制精美,迅即受到科普界和广大读者的关注。随后,丛书又推

出诸多时代感强、感染力深的科普精品,逐渐成为国内颇有影响的科普品牌。

"哲人石丛书"包含4个系列,分别为"当代科普名著系列"、"当代科技名家传记系列"、"当代科学思潮系列"和"科学史与科学文化系列",连续被列为国家"九五"、"十五"、"十一五"、"十二五"、"十三五"重点图书,目前已达128个品种。丛书出版20年来,在业界和社会上产生了巨大影响,受到读者和媒体的广泛关注,并频频获奖,如全国优秀科普作品奖、中国科普作协优秀科普作品奖金奖、全国十大科普好书、科学家推介的20世纪科普佳作、文津图书奖、吴大猷科学普及著作奖佳作奖、《Newton-科学世界》杯优秀科普作品奖、上海图书奖等。

对于不少读者而言,这20年是在"哲人石丛书"的陪伴下度过的。2000年,人类基因组工作草图亮相,人们通过《人之书——人类基因组计划透视》《生物技术世纪——用基因重塑世界》来了解基因技术的来龙去脉和伟大前景;2002年,诺贝尔奖得主纳什的传记电影《美丽心灵》获奥斯卡最佳影片奖,人们通过《美丽心灵——纳什传》来全面了解这位数学奇才的传奇人生,而2015年纳什夫妇不幸遭遇车祸去世,这本传记再次吸引了公众的目光;2005年是狭义相对论发表100周年和世界物理年,人们通过《爱因斯坦奇迹年——改变物理学面貌的五篇论文》《恋爱中的爱因斯坦——科学罗曼史》等来重温科学史上的革命性时刻和爱因斯坦的传奇故事;2009年,当甲型H1N1流感在世界各地传播着恐慌之际,《大流感——最致命瘟疫的史诗》成为人们获得流感的科学和历史知识的首选读物;2013年,《希格斯——"上帝粒子"的发明与发现》在8月刚刚揭秘希格斯粒子为何被称为"上帝粒子",两个月之后这一科学发现就勇夺诺贝尔物理学奖;2017年关于引力波的探测工作获得诺贝尔物理学奖,《传播,以思想的速度——爱因斯坦与引力波》为读者展示了物理学家为揭示相对论所预言的引力波而进行的历时70年的探索……"哲人石丛书"还精选了诸多顶级科学大师的传记,《迷人的科学风采——费恩曼传》、《星云世界的水手——哈勃传》、《美丽心灵——纳什传》、《人生舞台——阿西莫夫自传》、《知无涯者——拉马努金传》、《逻辑人生——哥德尔传》、《展演科学的艺术家——萨根传》、《为世界而生——霍奇金传》、《天才的拓荒者——冯·诺伊曼传》、《量子、猫与罗曼史——薛定谔传》……细细追踪大师们的岁月足迹,科学的力量便会润物细无声地拂过每个读者的心田。

"哲人石丛书"经过20年的磨砺,如今已经成为科学文化图书领域的一个品牌,也成为上海科技教育出版社的一面旗帜。20年来,图书市场和出版社在不断变化,于是经常会有人问:"那么,'哲人石丛书'还出下去吗?"而出版社的回答总是:"不但要继续出下去,而且要出得更好,使精品变得更精!"

"哲人石丛书"的成长,离不开与之相关的每个人的努力,尤其是各位专家学者的支持与扶助,各位读者的厚爱与鼓励。在"哲人石丛书"出版20周年之际,我们特意推出这套"哲人石丛书珍藏版",对已出版的品种优中选优,精心打磨,以全新的形式与读者见面。

阿西莫夫曾说过:"对宏伟的科学世界有初步的了解会带来巨大的满足感,使年轻人受到鼓舞,实现求知的欲望,并对人类心智的惊人潜力和成就有更深的理解与欣赏。"但愿我们的丛书能助推各位读者朝向这个目标前行。我们衷心希望,喜欢"哲人石丛书"的朋友能一如既往地偏爱它,而原本不了解"哲人石丛书"的朋友能多多了解它从而爱上它。

上海科技教育出版社

2018年5月10日

学者对谈

"哲人石丛书":20年科学文化的不懈追求

◇ 江晓原(上海交通大学科学史与科学文化研究院教授)
◆ 刘兵(清华大学社会科学学院教授)

◇ 著名的"哲人石丛书"发端于1998年,迄今已经持续整整20年,先后出版的品种已达128种。丛书的策划人是潘涛、卞毓麟、翁经义。虽然他们都已经转任或退休,但"哲人石丛书"在他们的后任手中持续出版至今,这也是一幅相当感人的图景。

说起我和"哲人石丛书"的渊源,应该也算非常之早了。从一开始,我就打算将这套丛书收集全,迄今为止还是做到了的——这必须感谢出版社的慷慨。我还曾向丛书策划人潘涛提出,一次不要推出太多品种,因为想收全这套丛书的,应该大有人在。将心比心,如果出版社一次推出太多品种,读书人万一兴趣减弱或不愿一次掏钱太多,放弃了收全的打算,以后就不会再每种都购买了。这一点其实是所有开放式丛书都应该注意的。

"哲人石丛书"被一些人士称为"高级科普",但我觉得这个称呼实在是太贬低这套丛书了。基于半个世纪前中国公众受教育程度普遍低下的现实而形成的传统"科普"概念,是这样一幅图景:广大公众对科学技术极其景仰却又懂得很少,他们就像一群嗷嗷待哺的孩子,仰望着高踞云端的科学家们,而科学家则将科学知识"普及"(即"深入浅出地"单向灌输)给他们。到了今天,中国公众的受教育程度普遍提高,最基础的科学教育都已经在学校课程中完成,上面这幅图景早就时过境迁。传统"科普"概念既已过时,鄙意以为就不宜再将优秀的"哲人石丛书"放进"高级科普"的框架中了。

◆ 其实,这些年来,图书市场上科学文化类,或者说大致可以归为此类的丛书,还有若干套,但在这些丛书中,从规模上讲,"哲人石丛书"应该是做得最大了。这是非常不容易的。因为从经济效益上讲,在这些年的图书市场上,科学文化类的图书一般很少有可观的盈利。出版社出版这类图书,更多地是在尽一种社会责任。

但从另一方面看,这些图书的长久影响力又是非常之大的。你刚刚提到"高级科普"的概念,其实这个概念也还是相对模糊的。后期,"哲人石丛书"又分出了若干子系列。其中一些子系列,如"科学史与科学文化系列",里面的许多书实际上现在已经成为像科学史、科学哲学、科学传播等领域中经典的学术著作和必读书了。也就是说,不仅在普及的意义上,即使在学术的意义上,这套丛书的价值也是令人刮目相看的。

与你一样,很荣幸地,我也拥有了这套书中已出版的全部。虽然一百多部书所占空间非常之大,在帝都和魔都这样房价冲天之地,存放图书的空间成本早已远高于图书自身的定价成本,但我还是会把这套书放在书房随手可取的位置,因为经常会需要查阅其中一些书。这也恰恰说明了此套书的使用价值。

◇ "哲人石丛书"的特点是:一、多出自科学界名家、大家手笔;二、书中所谈,除了科学技术本身,更多的是与此有关的思想、哲学、历史、艺术,乃至对科学技术的反思。这种内涵更广、层次更高的作品,以"科学文化"称之,无疑是最合适的。在公众受教育程度普遍较高的西方发达社会,这样的作品正好与传统"科普"概念已被超越的现实相适应。所以"哲人石丛书"在中国又是相当超前的。

这让我想起一则八卦:前几年探索频道(Discovery Channel)的负责人访华,被中国媒体记者问到"你们如何制作这样优秀的科普节目"时,立即纠正道:"我们制作的是娱乐节目。"仿此,如果"哲人石丛书"的出版人被问到"你们如何出版这样优秀的科普书籍"时,我想他们也应该立即纠正道:"我们出版的是科学文化书籍。"

这些年来,虽然我经常鼓吹"传统科普已经过时"、"科普需要新理念"等等,这当然是因为我对科普作过一些反思,有自己的一些想法。但考察这些年持续出版的"哲人石丛书"的各个品种,却也和我的理念并无冲突。事实上,在我们两人已经持续了17年的对谈专栏"南腔北调"中,曾多次对谈过"哲人石丛书"中的品种。我想这一方面是因为丛书当初策划时的立意就足够高远、足够先进,另一方面应该也是继任者们在思想上不懈追求与时俱进的结果吧!

◆ 其实,究竟是叫"高级科普",还是叫"科学文化",在某种程度上也还是个形式问题。更重要的是,这套丛书在内容上体现出了对科学文化的传播。

随着国内出版业的发展,图书的装帧也越来越精美,"哲人石丛书"在某种程度上虽然也体现出了这种变化,但总体上讲,过去装帧得似乎还是过于朴素了一些,当然这也在同时具有了定价的优势。这次,在原来的丛书品种中再精选出版,我倒是希望能够印制装帧得更加精美一些,让读者除了阅读的收获之外,也增加一些收藏的吸引力。

由于篇幅的关系,我们在这里并没有打算系统地总结"哲人石丛书"更具体的内容上的价值,但读者的口碑是对此最好的评价,以往这套丛书也确实赢得了广泛的赞誉。一套丛书能够连续出到像"哲人石丛书"这样的时间跨度和规模,是一件非常不容易的事,但唯有这种坚持,也才是品牌确立的过程。

最后,我希望的是,"哲人石丛书"能够继续坚持以往的坚持,继续高质量地出下去,在选题上也更加突出对与科学相关的"文化"的注重,真正使它成为科学文化的经典丛书!

2018年6月1日

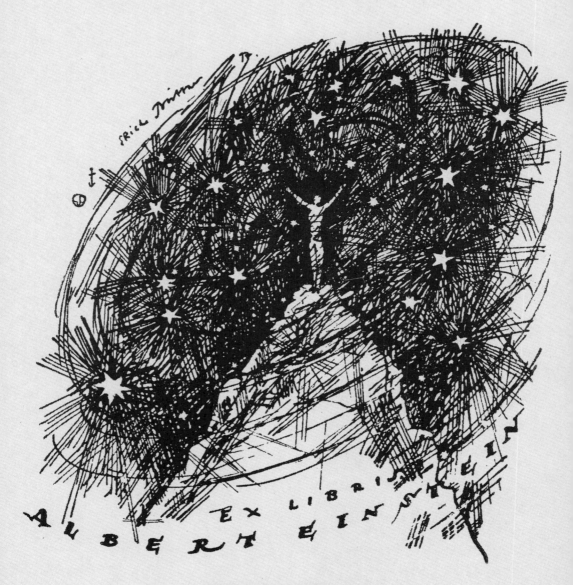

爱因斯坦的藏书票,埃里希·比特纳画
(蒙耶路撒冷希伯来大学特许)

内容提要

　　爱因斯坦是人类历史上最伟大的物理学家之一。1905年，他26岁，大学毕业已经5年，在瑞士专利局工作。当时他已结婚，有一个男孩，家累不轻。然而，他却利用业余时间，在一年之中发表了5篇划时代的物理学论文，创造了科学史上的一大奇迹。

　　本书由美国波士顿大学爱因斯坦研究中心主任施塔赫尔主编并详撰导言。书中汇编了上述5篇经典性论文，包括爱因斯坦的博士论文，论布朗运动的论文，两篇奠定狭义相对论的论文，以及关于量子假说的论文，并对每篇论文作出背景说明、加上编者注，卷首则冠以当代数学、理论物理学名家罗杰·彭罗斯撰写的序言。因此，本书对于了解爱因斯坦在20世纪初的原始思想及其如何改变物理学的面貌，不仅有很高的文献价值，而且还有更为深刻的启迪作用。

主编简介

　　约翰·施塔赫尔(John Stachel),美国物理学家、科学哲学家。1958年获史蒂文斯理工学院物理学博士学位,1964年至退休任波士顿大学物理学教授兼爱因斯坦研究中心主任,《阿尔伯特·爱因斯坦文集》的第一任主编。

目　录

中文版说明

本书收录的爱因斯坦5篇原始论文系现代物理学的经典之作。英文版尽可能保留了原著风貌,举凡原著疏漏、错误之处,排印时一律照旧,同时编者又逐一加注予以说明。中文版仍沿用英文版的风格、体例,包括公式的排印格式、外文字母的正斜体、计量单位的使用等,均维持原状,而不做技术性的改动。例如,原文中诸如 dx/dt 之类一概用斜体,为保持经典文献原貌,中文版亦一仍其旧,而未擅改为 dx/dt 等等;又如,中文版能量单位照旧用尔格,而未改为焦。英文版无索引,中文版亦不再另编。凡此种种,皆敬请读者注意。

序　言

　　在20世纪,我们极其幸运地目睹了我们世界的物理图像的**两次**重大革命。第一次革命推翻了我们的空间观和时间观,把两者结合为我们现在称之为**时空**的东西,人们发现这种时空以一种微妙的方式弯曲着,从而引起人们早就熟悉的、无处不在而又神秘的引力现象。第二次革命完全改变了我们理解物质和辐射本性的方式,给了我们一种实在的图像,其中粒子的行为像是波,而波的行为像是粒子,我们通常的物理学描述变得具有本质上的不确定性,而独立客体可以同时在几个地方呈现其自身。我们用"相对论"一词概括第一次革命,而用"量子论"概括第二次革命。两者现在都已通过观测得到确认,其达到的精确度在科学史上乃是空前的。

　　我认为,公正地说,在我们对物理世界的理解方面,以前只有三次革命可以真正与它们相比。关于那三次革命中的第一次,我们必须回到古希腊时代,当时引进了欧几里得几何学的观念以及从刚体和静止构形得来的某种观点。此外,在我们洞察自然界时开始重视**数学推理**的关键性作用。关于那三次革命中的第二次,我们必须跳到17世纪,当时伽利略(Galileo)和牛顿(I. Newton)告诉我们,有质体的运动如何可以通过其组分粒子间的力和这些力引起的加速度来理解。19世纪给我们带来了第三次革命,当时法拉第(M. Faraday)和麦克斯韦(J. C. Max-well)告诉我们,仅仅粒子是不够的,我们还必须考虑弥漫在空间中的连续的场,这些场同粒子一样实在。这些场结合为一种无所不在的、被称为**电磁场**的单一实体,而光的行为可以用其自身传播的振荡作出美妙的解释。

现在回到我们眼前的这个世纪,特别令人惊奇的是一位物理学家——阿尔伯特·爱因斯坦(Albert Einstein)——对自然界的运作有如此非凡的洞察力,他在1905年**这一年**中,就为20世纪的这**两次革命**奠定了基础。不仅如此,在同一年内,爱因斯坦通过他的论测定分子大小的博士论文和他对布朗运动本性的分析,还为其他两个领域提供了具有根本性的新见识。仅仅是后一种分析就使得爱因斯坦在历史上占有一席之地。确实,他关于布朗运动的工作[同斯莫卢霍夫斯基(Smoluchowski)所做的独立而又平行的工作一道]为重要的统计理解奠定了基础,这在许多其他领域都有巨大的意义。

本书把爱因斯坦在那个非凡之年发表的5篇论文收集在一起。开头是一篇论及分子大小的论文(论文1),接着是一篇关于布朗运动的论文(论文2)。然后是两篇狭义相对论的论文:第一篇发动了"相对论"革命,现在这对物理学家是非常熟悉的了(而且也为一般公众所了解),在这场革命中废除了绝对时间的概念(论文3);第二篇是一篇短文,其中推导出了爱因斯坦的著名公式"$E=mc^2$"(论文4)。最后,是(唯一)一篇爱因斯坦自己实际上称其为"革命性的"论文,它论证在某种意义上,我们必须回到(牛顿的)光由**粒子**组成的想法——而此时我们正好刚习惯于光仅仅由电磁波组成的想法(论文5)。正是从这个表观的佯谬出发,产生了量子力学的一个重要组成部分。施塔赫尔(John Stachel)为本书写了引人入胜而又十分明晰的导言,它和这5篇爱因斯坦的经典论文结合在一起,把爱因斯坦的成就纳入适当的历史背景之中。

我在前面已经提到20世纪对物理学理解的两次非凡革命。但必须指出的是,爱因斯坦1905年的那些论文虽很重要,但它们并没有为这两次革命发出最初的子弹;这些特别的论文也没有确定它们的新体系的最终性质。

爱因斯坦1905年两篇关于相对论的论文所提出的我们关于空间和时间的图像的革命,只涉及我们今天所说的**狭义**相对论。**广义**相对论的全面阐述(其中引力用弯曲时空几何学来解释)直到10年以后才取得成功。即使是狭义相对论,爱因斯坦在1905年以惊人的洞察所提出的理论,也不完全是由他原创的,这一理论有更早的思想[特别是洛伦兹(H. A. Lorentz)和庞加莱(J. H. Poincaré)的思想]为基础。此外,爱因斯坦1905年的观点还缺乏一种更进一步的重要见识——关于**时空**的见识,这是闵可夫斯基(Hermann Minkowski)三年以后提出来的。闵可夫斯基的四维时空观很快被爱因斯坦采纳,并成为爱因斯坦后来取得的最高成就——**广义**相对论——的关键性垫脚石之一。

至于量子力学这一革命,最初的子弹是普朗克(Max Planck)1900年的非凡论文,其中引入了$E=hv$这个著名的关系式,肯定辐射的能量以分立的小束产生,并与辐射的频率成正比。但是用当时通常的物理学很难理解普朗克的思想,而只有爱因斯坦(在稍后)似乎认识到这些试探性的建议具有根本性的重要意义。量子论本身也花了多年时间才找到它的适当表述——而这时,统一的思想不是来自爱因斯坦,而是来自许多别的物理学家,最著名的是玻尔(Bohr)、海森伯(Heisenberg)、薛定谔(Schrödinger)、狄拉克(Dirac)和费恩曼(Feynman)。

爱因斯坦同量子物理学的关系有若干值得注意的方面,它们几近自相矛盾。在这些表观的矛盾中,最早或许最引人注目的是如下事实:爱因斯坦最初关于量子现象的革命性论文(论文5)和关于相对论的革命性论文(论文3),似乎是从关于麦克斯韦电磁理论对光的解释中所处地位的互相矛盾的立场出发的。在论文5中,爱因斯坦明确拒绝麦克斯韦方程组足以说明光的行为(作为电磁场中的波)的观点,而且他提出一个模型,其中光的行为犹如小的粒子。然而,在(后一篇)论文3中,他创立了狭义相对论,其出发点是麦克斯韦的理论**确实**代表了基本的真理,爱因斯坦建构的相对论特别设计得使麦克斯韦方程组保持完整无损。在论文5中,爱因斯坦提出一种与麦克斯韦理论相冲突的光的"粒子"观,但甚至在论文的开端,他依然评论后者的光的(波动)理论说,它"很可能永远不会被别的理论所取代"。当人们考虑到作为一位物理学家的爱因斯坦的不可思议的力量来自他对自然界运作的直接的物理洞察时,这种表观的矛盾就更加令人惊讶了。人们很可以设想某个水平较低的人物"试用"一个模型,然后又用另一个模型(正如今天的物理学家常做的那样),而对这两种拟议观点间的矛盾并不真正关心,因为他对两种观点均无特殊的坚定信念。但对爱因斯坦来说,事情就完全不同了。他对自然界在其他物理学家不易理解的层次上"实际如何"有很清晰和深刻的想法。确实,他领悟自然界实在的能力是他的一项特长。在我看来,实际上很难设想对于他在同一年发表的两篇论文中所依据的对自然界的假设性观点,他会认为是彼此矛盾的。恰好相反,他必定认为(结果也正是如此),在"更深的层次"上,在麦克斯韦波动理论的精确性——甚至"真实性"——和他在论文5中提出的另一种"量子"粒子观之间并没有真正的矛盾。

人们会想起——大约300年前——牛顿冥思苦想的基本上相同的问题,在那里他提出一个将波动观和粒子观混杂的奇怪观点,以便说明光的行为相互冲突的方面。在牛顿的场合,如果人们采取牛顿希望保留相对性原理的(合理的)观点,那就有可能理解他为什么顽固地坚持粒子的图像。但只有当所说的相对性原理是伽利略(和牛顿)的,这个论据才能成立。在爱因斯坦的场合,这样一个论据不再成立,理由是他明确提出了**不同于**伽利略的相对性原理,而根据这种相对性原理,麦克斯韦的波动理论可以完整地继续存在。因此有必要作更深入的考察,找到爱因斯坦非常相信下述观点的深刻理由,即虽然麦克斯韦的光的波动图像在某种意义上是"真实的"——这在1905年已充分确立了,然而需要把它改变成某种不同的东西,它在某些方面,回到了三个世纪以前牛顿的"波—粒"杂交图像。

引导爱因斯坦的重要影响之一,似乎是他认识到组成有质体的粒子的分立性同麦克斯韦场的连续性之间的冲突。爱因斯坦1905年的论文具体宣示了他心中牢记着的这种冲突。在论文1和论文2中,他直接关注演示流体分子和其他小粒子的本性,即物质的"原子"性确实是十分显著的。在这些论文中,他显示他本人是精通所需物理、统计技巧的大师。在论文5中,他运用这种非凡的专长,以同样的方式处理电磁场,从而说明了仅用麦克斯韦关于光的观点不能获得的效应。确实,爱因斯坦弄明白了,经典方法的问题是,连续场和分立粒子**共存**,彼此相互作用的图像实际上没有物理意义。因此,他首先向今天的量子论观点迈出了重要的一步,即粒子确实必须有波的属性,而场必须有粒子的属性。对量子图像作适当的考察,粒子和波实际上原来是同一种东西。

问题在于经常引起另一种表观的悖论:为什么在理解量子现象方面爱因斯坦起初与同时代人相比处于如此领先的优势地位,而在量子论的随后发展中他却落后于他们?确实,当量子论采取在20世纪20年代最终出现的形式时,爱因斯坦甚至从未接受过这种量子论。许多人可能认为,爱因斯坦是受他"过时的"**实在论的**观点阻碍,而尤其如玻尔之所以能向前推进,则恰恰是因为他否认在分子、原子和基本粒子这样的量子水平上这类东西真正作为"物理实在"而存在。可是,很清楚,爱因斯坦在1905年能够获得这些根本性的进展,主要取决于他坚信在分子和亚分子层次上物理实体的**实际实在性**。这些重要倾向在本书的5篇论文中显得特别明显。

是否真如玻尔的追随者认为的那样,在任何重要的意义上爱因斯坦都犯了深刻的"错误"?我不认为如此。我自己就坚决地站在爱因斯坦一边,相信亚微观粒子的实在性,相信今天的量子力学基本上是不完备的。我也主张,关于这种实在性的本质的一些关键性见识尚有待发现,这只有通过深刻分析量子论的基本原理和爱因斯坦自己的广义相对论的基本原理间的表观冲突才能最终显现。在我看来,只有掌握了这些见识,并加以适当运用,支配微观世界的量子论定律同支配宏观世界的广义相对论定律之间带有根本性的紧张关系才能得以解决。怎样才能成功地实现这种解决?只有时间,而且,我相信,一场**新**的革命将会作出回答——或许是另一个**奇迹年**!

罗杰·彭罗斯

1997年12月

百年纪念版导言

放肆无礼万岁！它是我在这个世界上的守护神。

　　　　　　　　　爱因斯坦致米列娃·马里奇，1901年12月12日[1]

我寻求孤寂的生活，只是为了随后默默地抱怨它。

　　　　　　　　　　爱因斯坦致"妈妈"温特勒，1897年5月21日[2]

　　自"爱因斯坦奇迹年"以来，已经过了整整一个世纪——按照《时代》(*Time*)杂志的说法，这是爱因斯坦的世纪。[3]《时代》杂志封面刊登的爱因斯坦肖像是一位年老的、神话中的圣人，这象征了我们与1905年时大胆无礼而又易受责难的26岁的青年之间难以逾越的壁垒。[4]我担心大多数计划中的百年庆祝活动仍会继续宣扬生来就老的爱因斯坦的神话，顶多是通过老年的歪曲的棱镜来看青年的爱因斯坦。

　　因此让我们尝试直接来考察青年爱因斯坦，从儿童时期开始，到1905年他任瑞士专利局职员为止。原来的"导言"试图说明爱因斯坦在那年的科学成就的性质与意义。[5]这儿我将讨论有助于形成青年爱因斯坦的他的家庭背景与个人特性的若干要素。

　　我围绕4个主题来组织这一具有高度选择性的概述：

　　1. 青年爱因斯坦性格发展中的若干对立倾向的作用。

　　2. 他在其中成长的技术环境及其对他发展的影响。

　　3. 他所描述的他的思维过程的性质。

4.他试图把工作与爱情相结合,结果失败了。

1. 青年爱因斯坦性格的若干对立倾向

爱因斯坦的行为为他青年时代个性中若干互补但对立的趋向之间的冲突提供了证据,我们将称这些趋向为对立倾向。[6]我将集中讨论两对这样的对立倾向:

1. 力图获得处于权威地位的前辈的承认与赞许,但仍需要保持独立性,有时为了追求自己的目标,甚至对这些权威人士表示无礼不敬("放肆无礼万岁!");

2. 极力寻求密切的友情与爱情,但为了追求他的智力的"发明"仍需要孤独("我寻求孤寂的生活……")。(参见第3节)

著名的精神分析学家埃里克松(Erik Erikson)在考察了爱因斯坦幼儿时期的证据之后,在一项短暂但又深刻的研究中反问道:

这个孩子的症状[起初是他开始说话比较晚,这将在下面第3节讨论]是由于十足的**缺陷**或是由于发育中的系统的**差异**;或者它们又被一种严重的**胆怯**所加强——或者,最终甚至是由于某种**逆反心理**?[7]

埃里克松继续说道:

小阿尔伯特总是按照他自己的方式学他想学的任何东西。在幼儿时期,这表现在他突然发怒(例如,对一位家庭教师),这是他外祖父遗传给他的一种气质。后来,对几乎从未"中断"的强迫教育的抵制成了他深刻而又基本的性格特征,这一特征使他在儿童与青年时代能保持学习的自由,不管这种学习是多慢，或者是通过什么感性的或认知的步骤来实现。[8]

爱因斯坦因此能够发自内心地来反对用那种死记硬背和其他惯用方法来学习的巨大压力，抗拒学习外语这样一些额外的课程，他在这些方面不擅长，或者没有兴趣。这完全不是说他是一个坏学生。在他挑选来集中精力学习的课程方面，他是一个杰出的学生，他培养出独立学习的习惯，这使他在数学、物理和哲学等领域远远超过他的同学。

他在慕尼黑开始上学，上一个天主教小学，[9] 在那儿他的成绩很好；但他在那儿的经历却使他与其他学生之间有隔阂。他是他那班唯一一个犹太学生，他后来回忆说：

> 在孩子当中，特别是在小学中，反犹太主义盛行。这是基于孩子们都知道的足够明显的种族特征，基于宗教教育的印象。在上学的路上，实际的攻击与侮辱是时常发生的，但一般并不太严重。然而，不管怎样，它们足以在孩子心里灌输一种很强的被排斥的感受。[10]

当他9岁时，父母送他去一所新的、有声誉的文科中学，路依波尔德（Luitpold）高级中学。他们选择一所高级中学（gymnasium），是因为它强调古典语言与文学，多少有点不同寻常。在像爱因斯坦家族（见下面第2节）这样比较优裕的犹太家庭中，更通常的是送他们的孩子进实科中学（realschule），在那儿，教育集中于现代文化、科学与技术。回顾这些，爱因斯坦显然感到这会是较好的选择，后来他写信给他的儿子汉斯·阿尔伯特（Hans Albert）：

> 我十分同意你去进实科中学。对于一个像你这样的人而言，才能在于你从事的那些方面，如果你填鸭式地学太多的语言，对你并不好。[11]

爱因斯坦唯一一个同胞姐妹,妹妹马娅(Maja)描述了他的中学年代:

> 他在那所高级中学里感到很不愉快。大多数课程的教学
> 风格使他厌烦,不仅如此,教师们似乎对他不太友好。[12] 这所
> 学校的军队风格,要使学生在早年就习惯于军队纪律的那种
> 崇敬权威的系统训练,也让这个少年感到特别不愉快。想到
> 在不太远的将来,他必须穿上士兵的制服,服满他的义务兵
> 役,他就不寒而栗,心情压抑,神经紧张,他在寻找一条出
> 路。[13]

他的父母在1895年移居意大利寻求更好的商业机会(见下面第2节)时把他留下来完成学业,令他父母震惊的是,16岁的爱因斯坦在学期中间突然离开了学校来到他意大利的家中。虽然他还只有16岁,而且还缺一年半的中学学历,但他却申请进入位于苏黎世的瑞士联邦工业大学并被允许参加入学考试。虽然他的数学与物理学的分数给该校的物理学教授韦伯(H. F. Weber)以深刻的印象,但他还是被劝告到附近阿尔高州立中学完成中学学业;他在该校毕业后可自动升入工业大学。[14] 在那儿他发现有一种完全不同的教育环境,他开始在那里健康成长。一位同学比兰德(Hans Byland)后来回忆道:

> 在19世纪90年代的阿尔高州立中学流行一股很强的怀
> 疑风气,从我的班级和下面两个班级都没有任何神学家出现
> 这样一个事实就已表明了这一点。冒失无礼的斯瓦比亚人
> [爱因斯坦]很适合这种气氛。[15]

[按照瑞士教育家裴斯泰洛齐(Pestalozzi)的传统]学生有选课的权利,特别是不太僵硬的教学风格和更不拘礼节的师生关系,对他很合适。但他的大胆无礼的性格仍保留着。当他的地质学老师,缪尔贝格(Fritz Mühlberg)教授(爱因斯坦实际上十分喜欢他)在一次地质考察中

问他:"那末,爱因斯坦,这儿的地层走向是怎样的呢,是从下向上,还是从上向下?"爱因斯坦无礼地回答说:"教授,这对我都一样。"[16]

另一位同学作了如下的描绘:

> 不受习俗的阻挠,他对世界的态度就像一个笑口常开的哲学家,他机智的嘲笑无情地讽刺任何自负与装腔作势。在交谈中他总要说出点名堂。他从旅行中获得的富有教养的品味——他的父母亲住在米兰——使他能作出成熟的判断。他直率地表达他个人的意见,不管是否冒犯别人。这种勇敢的热爱真理的态度给他的整个人格以某种特征,最后甚至使他的对手也不能不深受感动。[17]

在以优异成绩(除了法文)从阿尔高中学毕业后,他到苏黎世瑞士联邦工业大学就学。 他大胆无礼的性格仍不时表现出来。工业大学的另一个学生,冯·于克斯屈尔(Margarete von Uexküll),同爱因斯坦一道听实验物理课:

> 她用整个暖和的6月下午在工业大学实验室做一个实验。她深感沮丧,她与一个小个子的、胖胖的物理学教授[珀纳特(Jean Pernet)]争辩起来,该教授不让她用一个软木塞将一个试管密封,怕将试管弄破。突然她注意到,"一双很大的发亮的眼睛正明确地警告我。"这对眼睛属于爱因斯坦,他轻轻地告诉她教授很生气,而且近来教授在他班上发怒时昏了过去。他建议她把实验室记录给他,他可以拼凑出一些较好的结果。在下一次检查中,教授大声说:"这儿,你们看。只要有点诚意,尽管我的方法很难,你们显然能够做出一些有用的结果。"[18]

据冯·于克斯屈尔说,在1898—1899年的冬季学期中,爱因斯坦对其他8个同学也帮过这样的忙。珀纳特显然知道爱因斯坦对他的态度,尽管也许不知道那些行为。他给爱因斯坦最低的分数,而且在他的工业大学档案中留下了唯一的惩处记录:"1899年3月:在物理实习课中由于不勤奋,受到实习指导的申斥。"[19]

他原来同工业大学资深物理学教授韦伯关系很好,喜欢听他的课,[20]在工业大学最后两年他把绝大部分在校时间花在韦伯的实验室中,"对直接接触实验着了迷"(见下文)。但他独立的性格似乎最后同韦伯也没有处好关系,据说韦伯对爱因斯坦说:"爱因斯坦,你是一个聪明的孩子,一个绝顶聪明的孩子,但你有一个大毛病:你从来不听别人讲的任何东西。"[21]

在培养数学和物理学教师的师范部小班级的同学中,爱因斯坦很快同米列娃·马里奇(Mileva Marić)有了亲密的关系,她是班中的唯一女性。

> 她和爱因斯坦发现有一共同的兴趣,他们都热衷于学习大物理学家,他们在一起度过大量时光。对爱因斯坦来说,在与人交流中思考总是令人愉快的,或者,更准确地说,是通过谈论来澄清他的思想[见下面第3节]。尽管马里奇沉默寡言并很少反应,但处于热烈感情中的爱因斯坦几乎没有觉察到这一点。[22]

他的刻薄很快使得马里奇的几个塞尔维亚女友与他们疏远了:

> 这些姑娘似乎对我怀有敌意,而我却不知道为什么;或许她们要我为别人的过失而受罚。……今天爱因斯坦先生又作了一首讽刺她们的小诗,很有趣但是很尖刻,而且他还想把这首诗送给她们。那就真的令人惊讶了。[23]

爱因斯坦对他班上所有的其他同学都颇友好,但只与一位同学[格罗斯曼（Marcel Grossmann）]特别亲密，格罗斯曼的父亲后来帮助他在瑞士专利局获得他的第一个固定职位。在苏黎世时，他还与贝索（Michele Besso）为友，贝索是他的终生知己。很久以后，爱因斯坦自己回忆他在工业大学的日子：

> 1896—1900 年：在联邦工业大学[数学与物理]师范部中学习。我很快发现，我能成为一个有中等成绩的学生也就该心满意足了。要做一个好学生，必须有能力去很轻快地理解所学习的东西；要心甘情愿地把精力完全集中于人们所教给你的那些东西上；[而且]要遵守秩序，把课堂上讲解的东西笔记下来然后自觉地做好作业。遗憾的是，我发现这一切特性正是我最为欠缺的。[24]

我想，这里我们有一个爱因斯坦在老年时解读他自己的青年时代的例子。至少，在工业大学的头两年里，爱因斯坦似乎是一个相当勤奋的学生。他仔细保存着在工业大学第二学年听韦伯的物理课时所作的笔记，[25]他写信给马里奇道：

> 韦伯以非常高超的技巧讲授了热学（温度、热量、热运动、气体的动力学理论）。我在听他的第一门课程时就期待着听他的第二门课程。[26]

他的笔记记得如此之好，马里奇用它们来准备期中考试。[27]

工业大学的学生只参加两组考试：两年后的期中考试和四年后的期终考试。在期中考试中，爱因斯坦在师范部 5 个同学中分数最高，得了 5.7 分，而可能的最高分是 6.0 分。他显然十分认真地对待这些考试，后来他向马里奇描述他是怎样同格罗斯曼一起学习的：

> 一个人在参加这样一种考试时，就觉得像蹲在监狱里一样，对于自己想什么和做什么是负有责任的。难道不是这样

吗？我曾经在这种时候同格罗斯曼一道大加嘲笑过这种事情——但是正如人们会说的那样，"在户外笑，在户内哭"。[28]

只是在通过这些考试之后，他开始放松了正规的课程作业，直到期终考试前几个月才依靠格罗斯曼细心的笔记来准备考试，并接受"与此伴随而来的内疚，把这看成是微不足道的弊病"。[29]

> 我大部分时间是在物理实验室工作，迷恋于与经验直接接触。其余时间，则主要用于在家阅读基尔霍夫(Kirchhoff)、亥姆霍兹(Helmholtz)、赫兹(Hertz)等人的著作。[30]

他当时的信件证实了他的回忆(参见 *Collected Papers*, vol. 1)。除了上面的三处引文，信件还提到他学习了玻尔兹曼(Boltzmann)、德鲁德(Paul Drude)、普朗克、奥斯特瓦尔德(Wilhelm Ostwald)和马赫(Mach)的著作。

他在1900年写第一篇论文时，送了副本给玻尔兹曼和奥斯特瓦尔德，显然迫切地等待着那永远没有到来的回音。1900年他毕业后想在工业大学物理系找一个**助教**的职位，同样毫无结果。1901年他父亲写了一封感人的信给奥斯特瓦尔德，描绘了他的精神状态：

> 我儿子对他自己目前的失业深感不幸，认为他的谋生之道已经出轨了，而且不可能回复正道，他这种想法每天日益根深蒂固。……尊敬的教授先生，正因为在当今所有活跃于物理学领域的学者之中，我儿子最仰慕您也最尊重您，我才不揣冒昧地向您求助，恭请阅读他发表在《物理学杂志》(*Annalen der Physik*)上的论文，如若可能，还请寄给他一两行鼓励的话，他会因此而获得生活和创作的喜悦。[31]

父亲或儿子都没有得到回应。

当爱因斯坦发现德鲁德的某一项工作有一些错误时(除此而外，他对他的这项工作评价很高），他热诚地写信给德鲁德，抱着与他仰慕的人建立联系并且也许在他的帮助下找到一份工作的希望。但是德鲁德的回答完全使他失望：

> 我刚回到家里……发现德鲁德的这封信。关于它的作者的卑劣可耻，它倒是一份确实可靠的证据，无需我增添任何评论。从现在起我决不向这样的人求助，而是要冷酷无情地在期刊上给予他们应得的抨击。如果人会逐渐变得愤世嫉俗，那是毫不足怪的。[32]

还可以举更多的例子，但我们可以看到这个时期的爱因斯坦比他后来所描绘的（或所认为的）自己独立性少多了，也更脆弱得多。更确切地说，我们看到了本节开始时提到的第一种对立倾向的证据：渴望权威人物的承认，受不了他们的轻蔑；同时需要向权威人物表现独立性（以及偶尔的大胆反抗）。

埃里克松讨论了这些对立倾向的第二种：

> 但是一个心理分析家也应该回到（即使是如此简略地）爱因斯坦自己描述的和许多观察家所确认的他的创造性的代价，也就是某种孤立的感觉。[菲利普（Philipp）]弗兰克（Frank）毫不犹豫地把爱因斯坦描绘为一个"在同学、同事、朋友和家庭中孤独的人"，并得出了断然的结论，即"不论是职业活动或家庭"对他"都没有多大意义"。[33]如果弗兰克意图包括夫妻亲情，那末在他那些最动人的信件中的爱因斯坦……似乎很难同意。……而且，我还必须说，当人们读到他的一些信，看到在世的若干亲友对他的回忆时[1979年，埃里克松见到了杜卡斯（Helen Dukas）和玛戈·爱因斯坦（Margot Einstein）]，人们不会怀疑这个人有某种强烈的亲情，并知道如何表达这种感

情。另一种孤独和友好(特别是对孩子)似乎也保持了这种动态的对立倾向的特性。……当爱因斯坦从说"我"和"我们"转到"它"时,他只是证实了他对工作与亲情间某种对立倾向所体验到的生动而又具体的感情。这,作为某种不平衡,曾被许多有关科学家的研究报告所描述,而且在科学家中是很典型的。[34]

我将在第3节考察了爱因斯坦的思维过程之后,再在下面第4节中回来讨论这种对立倾向。希望在那时将会弄清楚为什么孤独的时期对他的发展是如此重要和必需。

2. 爱因斯坦在其中成长的技术环境

2a. 爱因斯坦的家庭营业

爱因斯坦的妹妹马娅对爱因斯坦的父亲如何从事电气行业作了很好的说明:

> 赫尔曼·爱因斯坦(Hermann Einstein)的弟弟叫雅各布(Jakob),他后来对于成长中的阿尔伯特在智力上有过一定的影响,他完成了他工程科的学业,决定[在慕尼黑]创办一家安装自来水和电器设备的公司。由于他自己的资金不足,于是就促使他哥哥赫尔曼作为公司的合伙人,不仅请他个人担任经营经理,而且也投入相当大的资金。……当时,整个世界都在开始采用电力照明,这个初创时规模不大的企业似乎会有美好的发展前景。但是雅各布·爱因斯坦的计划目标太高了。他多方面的、丰富多产的思想使他除了经营其他业务之外,还想大批量制造他自己发明的发电机。推行他的计划需要一家

更大的制造厂和大量的资金。整个家族,特别是由于赫尔曼的岳父科赫(Julius Koch)的投资才使这一计划有了实施的可能,于是这家企业创立起来了。[35]

我们很幸运,有这个公司的一个雇员赫希特尔(Aloys Höchtl)的回忆录。[36]当赫希特尔于1886年到雅·爱因斯坦电气工厂公司工作时,该厂有6部车床、18个工作台和2座锻炉。

> 只有在小工场里才有可能让我每天都面对不同类型的工作。……每一件东西都是在我们自己的工厂里做出来的。……我很快掌握了各类发电机的制造,并有很大把握。我被委托制造控制面板、电弧灯和测量仪器,所以我知道电灯厂的每个方面(那里还没有电力传输装置)。[37]

赫希特尔讨论了那家工厂在发电机制造和电力照明以及它们的批量生产方面的技术进步,这一度使雅·爱因斯坦公司能够同像西门子和哈尔斯克、通用电气公司(AEG)和舒克特公司那样一些德国最大的公司相竞争。[38]从其他资料来源,我们知道该公司最终发展到雇用50到200个工人——仍然是家小公司,但远大于那种最小的公司。1886年10月公司受托为慕尼黑啤酒节安装电灯,啤酒节是该城市社会生活中的大事件;公司还为各种当地公司安装电灯,例如普朔尔啤酒公司(那时同现在一样,啤酒在慕尼黑起很大作用)。

到19世纪80年代末,订单开始源源而来,许多来自国外。雅各布·爱因斯坦有时单独、有时同他的领班科恩普罗布斯特(Sebastian Korn-probst)开始获得发电机、电力照明装置和电气测量仪器方面的专利。不仅是德国的专利,还有意大利的,甚至有一项是美国的!一些较小城市的路灯电气化工程的订单也开始送来,著名的有来自意大利的瓦雷泽和德国的施瓦宾(现在是慕尼黑的郊区)。于是给公司带来巨大的机遇:

在1893年初,慕尼黑市宣布建设电气路灯,共约300个电弧灯,发电厂功率为300马力=200千瓦。爱因斯坦公司提交了一项计划,有一些执行的方案。但是最后选中了纽伦堡的舒克特公司的计划,这是基于它以前有进行大规模安装的经验而决定的。

对于雅·爱因斯坦公司的老板雅各布·爱因斯坦和赫尔曼·爱因斯坦而言,这是一个沉重的打击,他们把这体验为特殊的耻辱,因为慕尼黑的公司没有得到机会,而是委托纽伦堡的公司[也在巴伐利亚]来执行。舒克特对于这种大规模安装有丰富的经验,并且资金更为雄厚。

以前已经考虑过在意大利开一家分厂的计划,因为当时在那儿生意兴隆,现在则更新了这个计划。由于1893年[经济危机的一年]经营情况普遍衰退,必须裁减员工,减少工时,这计划加强了把整个业务搬到米兰的决定。职工知道了这个决定,在员工中引起了普遍的不满。[39]

在回顾1899年慕尼黑电气技术发展的时候,这方面的两位权威人士,冯·米勒(Oskar von Müller)和福伊特(E. Voit)教授总结了这个故事:

如果一家重要的电气工厂已经建在这儿,肯定更容易发展。……起初发展顺利的雅·爱因斯坦公司被更有实力的外来公司所排挤,这些公司很快在慕尼黑建立附属工厂。[40]

当时的潮流是电气公司通过自己积累必要的资本,不仅建造电站,而且也经营电站,所以爱因斯坦兄弟很快决定在帕维亚(米兰南面的一座城市)建立一家大工厂并经营一座电站,用纳维格利奥河的水来发电。可是,我们从当时帕维亚的报纸了解到,他们很快陷入了一场财务纠纷。当地建立了一个合作机构来管理城市的电力供应,但爱因斯坦公司试图秘密地买下纳维格利奥河水的使用权,希望以这个既成事实来同合作机构打交道。当这个合作机构发现了这个情况,他们就取消了与爱因斯坦公司的合同,把发电权给了另一家公司。

结果,爱因斯坦兄弟被迫在1896年夏天宣布公司破产,赫尔曼·爱因斯坦陷入了经济困难与烦恼之中,直至去世。马娅·爱因斯坦报道了经过情况:

> 不仅阿尔伯特·爱因斯坦的母亲的财产在这次变故中损失了,而且连几个亲戚资助的大量金钱也亏损了。这个家庭几乎没有剩下多少东西。[弟弟雅各布到另一家公司就任了工程师的职务。]相反,阿尔伯特·爱因斯坦的父亲却不能采取同样的行动,放弃他在业务上的独立性。他尤其不愿给他的夫人带来痛苦,要她在社会阶层上顺应一个较低的身份,她想必会有很大的困难。他没有接受当时还十分年轻的儿子的有见识的忠告,第三次在米兰建起一家电气公司。[41]

又是亲戚提供了所需的资金;这一次是鲁道夫·爱因斯坦(Rudolf Einstein),爱因斯坦的堂姐埃尔莎(Elsa)的父亲,她后来成为他的第二任妻子。这家小公司起伏不定,一直没有真正给家庭带来稳定的经济收入。爱因斯坦家庭不安定的状况似乎影响了赫尔曼以前很健壮的身体,他于1902年死于心脏病,仍然背着债,这是他的事业破产时欠堂兄弟鲁道夫的。[42]

2b. 爱因斯坦对此的反应

多年生活在与电气业务密切相关的家庭中,这对年轻的爱因斯坦有什么影响呢? 当他的家庭搬到慕尼黑时(这样他父亲才有可能参加雅各布的营业),当时他只有1岁;当他家因业务的缘故搬到意大利时,他才15岁;他父亲因事业失败而去世时,他才23岁。我猜想这种影响可能引起他个性中另一种对立倾向:一方面,他被**吸引**到事业的**技术**方面,在这方面他甚至时常有所贡献;另一方面,他对事业的商业方面有**反感**,他家希望发家致富,或最后在经济上完全独立的愿望一再遭受挫折。现在让我们考察这两个方面,首先考察技术的方面。

现有证据表明,爱因斯坦小时候喜欢要自己动手建造的玩具,喜欢了解技术装置如何工作。他的妹妹报道说,在10岁前,他的游戏——这"很能说明他的天赋"——包括"利用线锯做木工活,利用众所周知的拉杆积木搭起复杂的建筑结构,但他最拿手的还是用卡片搭起多层楼房"。[43]一位路依波尔德高级中学的同学回忆爱因斯坦曾向他说明电话的原理。雅各布叔叔曾(不成功地)经营一种早期电话的模型,在当时电话还很稀少,而在爱因斯坦家中就有一个,所以人们可以推测他为什么会知道电话的工作原理。

晚一些时候,雅各布叔叔对科恩普罗布斯特说:"您知道吗,我的侄子真是了不起。我和我的助理工程师绞尽脑汁考虑一整天的问题,这个小伙子不到一刻钟就全解决了。他是会有大出息的!"[44]从他的第一篇关于相对论的论文中,我们知道爱因斯坦熟悉有关单极感应的争论,[45]这一争论与发电机的工程问题密切相关。[46]因为发电机的设计与制造是爱因斯坦公司的主要业务,而雅各布叔叔实际上得到过有关发电机设计的专利,所以这又是合理的猜测,即青年爱因斯坦最先是在这种工程情境中听到这个问题的。

在他公认的传记中,爱因斯坦的继女婿凯泽(Rudolf Kayser)写道:"由于他父亲的要求和他自己的数学才能,技师和工程师的职位是[爱因斯坦的]首选。"[47]但是凯泽立即补充说:

> 可是选择职业有其他的含义:它使人们必然与社会发生关系,必然要过一种刻板的生活,受目标与功利目的的控制。

对青年爱因斯坦来说似乎没有比这更可怕的事了。此外,他并无野心:他既不要名誉也不要事业成功。这些世俗的观念与他是格格不入的。

> [至于爱因斯坦公司,]灾难性的商业失败也都事过境迁了。这孩子又一次被讨论与关怀所环绕,这些似乎属于另一个世界。他仍然很不喜欢重视物质利益的行动与忙碌。求职的需要愈迫切,他对此愈加反感。他所要的只是观察、理解和体验。可是现实世界似乎并不支持这种愿望。社会的规律是同这位好思索的青年梦想家对立的。[48]

1896年9月,在意大利的营业垮台以后,爱因斯坦(在他的法语考试短文中)写到他希望学习数学和物理学,然后成为"这些自然科学分支的一个教师[教授],并选择这些科学的理论部分"。他的理由是:"首先,个人的性情喜爱抽象思维和数学,缺乏想象力和实际才干。……科学职业还有一定的独立性,那正是我非常喜爱的。"[49]

他的家庭业务上的麻烦继续困扰着他。1898年他写信给妹妹马娅,谈到父亲决定开始他自己新的营业,而不是到别的公司求职:

> 若按我的意见行事,爸爸两年前[1896年]已经找到一个职位了,那么他和我们就不至于处于这种最糟糕的情况了。……最令我苦恼的自然是我可怜的父母的不幸,他们这么多年来未曾有一分钟快乐过。我已是成年人了,却还不得不袖手旁观,无能为力,这更使我深感痛苦。毕竟,我无非是家庭的一个累赘而已。[50]

确实,当他上工业大学时,他的家庭不能在经济上支持他,他是靠母方家族(科赫家族)富裕的亲戚每月提供的资助生活的。可是,爱因斯坦仍然感到有责任帮助他父亲的营业:

我认为我可以更好地利用这个假期,学些重要的东西,也学习我父亲在意大利的营业。毕竟很有可能,有一天他突然病倒了,或者因别的原因不能干了,而且他没有别的人可以依靠。[51]

有一阵子事态似乎有所好转:"我父亲自从不必为他的金钱发愁以来,简直变成了另一个人。在我们一道参观了他的电力厂后,他还将陪我到威尼斯旅行,从这个事实你可以看出,一切阴郁的愁云已经消失了。"[52]但到1901年麻烦又回来了:"这两个可怜的人[他的父母]经常为可恶的金钱生气发愁。我亲爱的伯父鲁道夫(这位富人)把他们折磨得很不好受[鲁道夫是赫尔曼·爱因斯坦的主要的债权人]。"[53]他的父亲在一年后去世。

多年以后爱因斯坦总结了他对技术和商业的态度:"我原来也想做一个技术工作者。但想到不得不把我的发明力用在只是使日常生活更为复杂的事物上,而其目的是受资本的可怕的压迫,这是我所不能忍受的。"[54]请注意他用"发明力"这个短语。我们在下一节中将看到他不是用"发现"一词。爱因斯坦宁可从它原初的技术环境借用"发明"一词并把它用在任何创造性的智力过程上。

爱因斯坦发现他在瑞士专利局的工作很快活是有许多理由的,但其中之一似乎源于他对技术的矛盾态度的积极方面:他的职位使他有机会思考有趣的技术问题,而不用为它们的商业应用承担任何责任。他在那儿感到多么愉快,这可以从他在开始工作一年以后写给妻子的一封信看出来:

> 我与哈勒尔(Haller)[专利局局长]的关系是从未有过的那么融洽。他十分友好,近来一个专利申请者抱怨我的决定,并根据德国专利局的一个决定来争辩时,他同意我的决定,认

为我完全正确。你会看到,从今开始我的工作将有所进展,那样我们就不会挨饿了。[55]

纵观爱因斯坦一生,他一直对发明有所迷恋。1907年他开始同哈比希特(Habicht)兄弟一起研制"小机器",[56]他获得若干专利,有的是他个人的,有的是与他人合作获得的;在许多重要专利案件中,他作为专利专家提供咨询。虽然他从不是技术崇拜者,但总是对技术的社会意义保持敏感:

> 关心技术在很大程度上是为了抵制科学的退化……[退化为无效果的形式主义]……人们必须使技术成为真正的文化因素,使它丰富的思想和美学内容更接近于公众的认识水平。当一个敏感的人听到技术一词时心中会想到什么?贪婪、剥削、人们之间的社会分工、阶级仇恨、愚蠢的无休止的竞争。……有教养的仁慈的朋友憎恨技术,把它看成是我们时代误入歧途的孩子,认为它威胁着要破坏我们美好快乐的生活,这难道有什么可奇怪的吗?为了引导社会的这个粗壮的孩子皈依正途,我们必须不让它成为野孩子。为了能影响它,我们必须力求去理解它。它有控制各种可以提高人们生活的力量的能力。[57]

在对他的技术兴趣作这种短暂考察之后,在下一节读者将看到爱因斯坦的思维过程集中围绕在形象的和力感的要素方面而不是言语的活动时,或许就不会感到惊讶了。

3. 准确地说,"思维"是什么呢?

爱因斯坦在他的《自述》(*Autobiographical Notes*)中提过这个问题,

我奉劝读者全面地考虑他的回答,同时也参考霍尔顿(Gerald Holton)关于这个问题的论文。[58]当然,《自述》是爱因斯坦67岁时写的,他还提醒我们:"现在67岁的人已完全不同于他50岁、30岁或者20岁的时候了。任何回忆都染上了当前状态的色彩,因而也带有不可靠的观点。"[59]但他又补充说:"然而,一个人还是可以从自己的经验里提取许多别人所意识不到的东西。"[60]我将力图小心谨慎地从爱因斯坦后来的这个或那个著述中挑选出有关的几点来补充到1905年为止的那个时期的证据,来论证两个命题:

1. 在爱因斯坦看来,思维过程是一种独立的活动,最初在性质上是非言语的。在第二阶段他有必要把这最初思维过程的结果变换为可与他人交流的形式。

2. 虽然思维是一种独立的活动,但把思想纳入可交流形式的需要导致爱因斯坦在他早年时代(实际上在他整个一生)寻找能作为他的思想的"传声筒"的人。爱因斯坦曾一度用"传声筒"来表述他的朋友贝索的作用。正如我在别处说明过的那样:"这意味着贝索能够理解爱因斯坦向他说明的东西,并能提出明智的问题,这些问题能帮助爱因斯坦发展他自己的思想……但是贝索自己不能作出任何创造性贡献。"[61]

现在谈第一个命题的证据。在爱因斯坦和他的助手施特劳斯(Ernst Straus)共同解决了一个问题之后,爱因斯坦表达了施特劳斯称之为他的"非常强烈地坚持的信念":

我从来没有遇到过这种事——我们一起思考。两个人能够[一起]思考!我从不认为这是可能的。我总是相信思维是单独进行的事情。[62]

这个评论是爱因斯坦在晚年作出的(施特劳斯从1944年到1948年时是

他的助手),而且自从他早在1908年首次发表两篇联合署名的论文以来,[63] 他心中显然有些想法,不是仅指简单的合作写论文。所以我认为他的意思就是他所说的:对他来说,导致新思想的那类思维是独立的活动。够奇怪的是,这从霍夫曼(Banesh Hoffmann)叙述他与爱因斯坦和英费尔德(Leopold Infeld)合作的一段话得到确认:

> 当我们处于不知道下一步做什么的情况时……而这种情况至少发生过三次,……爱因斯坦会说:"我要想一小会儿"……然后他像这样地卷他的头发,他会走来走去或者静静地站在那儿,面部根本就没有任何紧张的表情。他似乎在宇宙的另一部分,只有身体与我们在一起,而英费尔德和我保持绝对的安静。我完全不知道这持续了多长时间。爱因斯坦在那儿这样地思考着,过了一会儿他突然放松了,又回到地球上,看着我们,微笑着,说,是,我们应该如此这般。当然,这很奏效,我们就是这样解决那些很深刻的难题的。[64]

什么是这种思维过程中的非言语步骤与言语步骤呢?从他的早年我们没有这方面多少信息,但我们有一个重要线索。他的语言能力发展得比通常儿童要晚:"的确,由于我开始说话比较晚,我父母很担忧,因此他们请教医生。"[65]但到他两岁多时,他开始说话。他告诉施特劳斯说:

> 他在两三岁时,立志要说完整的句子。如果有人问他一个问题而他必须回答时,他要在心中构成一个句子,然后把它说出来,心里想着他是在对他自己细声说。但是,你知道,孩子是不善于细声说话的,所以他低声地把话说出来。然后,如果说得不错,他会向对他提问的人再说一遍。因此,这成功了,至少对他的保姆是如此[注意,他的家庭有能力雇一个保

姆!],因为他说什么都说两次,一次低声,一次高声,所以她叫他"der Depperte",就是"笨孩子"的巴伐利亚语。这个绰号保留了下来,而这,至少在爱因斯坦的心中,是关于他智力发育迟缓的全部故事的原因。[66]

据他妹妹马娅说,"这种奇怪的习惯直到他7岁时才抛弃。"[67]

但是听觉在他的言语过程中的作用仍保留着。他告诉尚克兰(Robert Shankland)说:"'我是听觉型的人;我用耳朵学然后用字词讲。当我阅读时我听到字词的发音。写作很困难,我很不善于用这种方式交流。'……他告诉我[尚克兰]他甚至痛恨用德文写他的《自述》。"[68]

我现在回到爱因斯坦关于他的思维过程本性的叙述,这写于1945年。如果从他说话比较晚和他强调字词的声音来解读,它们就更好理解了:

> 对我说来,毫无疑问,我们思维的绝大部分不用符号(字词)也可以进行,而且在很大程度上是无意识地进行的。……概念本身不是必定要依附于感官能感知和再现的符号(字词)的;可是,假如它依附于符号,那末思想就变成可交流的了。

> 字词或语言,它们是被写和讲的,但在我的思维机制中似乎并不起任何作用。似乎是作为思维要素的心理实体是某种符号和多少有些明晰的形象,它们可以"自发地"再现与结合。……对我来说上述要素是视觉的和某种力感的类型。通常的文字或其他符号[对他来说,或许是数学符号]必须在第二阶段费力地寻求。……在字词最终参与的阶段,它们对我来说纯粹是听觉的。[69]

确实,爱因斯坦担心教育的趋向是要把一切概念思维都纳入言语的形式:

教育持续地受到它特有危险的威胁，这就是割断与感觉经验的联系。每一教育过程创造一个概念世界。在起初，概念是同实在紧密联系的，为了明白地掌握实在，人们创造了概念。但是有一种要把语言上固定的概念普遍化的倾向，这在一方面扩大了它们的适用范围，在另一方面削弱了它们与感觉经验的联系。……谁会否认，兴趣集中于语言的高级中学在特别大的程度上面对着这种危险？[70]

爱因斯坦后来提出的许多判决性思想实验（thought experiment）确认了思维过程的这种用视觉的和力感的形象的第一阶段的存在。我只提4个思想实验：

1. 用光速追赶光线；
2. 对着导体移动磁体与对着磁体移动导体；
3. 在引力影响下自由下落并感觉没有受力；
4. 通过引力波对一弹性物体的影响把引力波形象化。

头两个思想实验与狭义相对论的建立相联系，后两个则同广义相对论相联系。让我们听一听他对这4个思想实验的证言：

[1.] 经过10年沉思以后，我从一个佯谬中得到了这样一个原理，这个佯谬我在16岁时就已经无意中想到了：如果我以速度c（真空中的光速）追赶一束光，那末我就应当看到，这样一束光就好像一个在空间里振荡着而停滞不前的电磁场。可是无论是依据经验，还是按照麦克斯韦方程，看来都不会有这样的事情。从一开始，在我直觉看来就很清楚，从这样一个观察者的立场来判断，一切都应当像一个相对于地球是静止的观察者所看到的那样按照同样一些定律进行。因为，第一个观察者怎么会知道或者能够判明他是处在均匀的快速运动

状态中呢?

人们看得出,这个佯谬已经包含着狭义相对论的萌芽。今天,当然谁都知道,只要时间的绝对性或同时性的绝对性这条公理不知不觉地留在潜意识里,那末任何想要令人满意地澄清这个佯谬的尝试,都是注定要失败的。[71]

[2.] 大家知道,麦克斯韦电动力学……当应用到运动的物体上时,就要引起一些不对称,而这种不对称似乎不是现象所固有的。比如设想一个磁体同一个导体之间的相互作用。在这里,可观察到的现象只同导体和磁体的相对运动有关。可是按照通常的看法,这两个物体之中,究竟是这个在运动,还是那个在运动,却是截然不同的两回事。[72]

[3.] 于是我想到我一生中最幸运的取如下形式的思想:引力场只有……相对的存在,就像由电磁感应产生的电场一样。因为对于一个从屋顶自由下落的观察者,当他下落时——至少在他的最接近的附近——不存在引力场。确实,如果观察者观察任何一种物体,那末相对于他,物体仍处于静止状态或匀速运动,与物体特有的化学和物理性质无关。因此观察者把他的状态解释为静止的,是正当的。[73]

一位来自格丁根的访问者胡姆(Rudolf Humm)报道说,在1917年爱因斯坦告诉他:

[4.] 他工作时更着重想象力,似乎不信任我们在格丁根所做的工作;他从来不想走这种形式主义路线。他的想象力与实在紧密相关。他告诉我,他借助一个弹性体把引力波形象化,与此同时他用手指做了一个动作,好似他在压一个印度

橡皮球。[74]

我认为,这是他思维过程的第二阶段,是产生了交流的需要的时候,此时向别人解说他的思想和讨论这些思想对于爱因斯坦而言,成为——即使不是很必要的活动——至少也是高度想望的活动。当然,我并不是认为第二阶段是以严格的序列紧跟第一阶段的;而是认为他在发展他的思想时是在这两个阶段之间来回运动的。总之,在创造性的孤独中"发明"(关于这个词,参见下面的讨论)他的思想与在他的传声筒帮助下交流、精炼这些思想之间,有一种辩证的张力。

我想这两个阶段一道构成了爱因斯坦时常用来表征他的思维发展过程的几个词grübeln、Grübelei[苦苦思索、沉思默想(或焦急考虑)]的蕴含。当一旦问到他的天才的本性时,他反对这个词,但坚持他的好奇心和对他面对的好奇(一会儿我将回过来谈"好奇"这个词)坚持这种沉思苦想的能力。他告诉施特劳斯:"我们这类工作需要两点:不知疲倦地坚持和准备研究人们已经花过许多时间和精力又放弃了的问题。"[75]

他感到科学家的主要任务是发现最重要的问题,然后研究它而不偏离这个主要问题。"你必须不让你自己被任何[其他]问题所吸引,不管这个主要问题是多么困难。"[76]在回忆他在工业大学的年代时,他说:

> 物理学……分成了几个领域,其中每一个领域都能吞灭短暂的一生,而且还没有满足对更深邃的知识的渴望。在这里,已有的而且尚未被充分地联系起来的实验数据的数量也是非常大的。可是,在这个领域里,我不久就学会了识别出那种能导致基本原理的东西,而把其他许多东西撇开不管,把许多充塞脑袋并使它偏离主要目标的东西撇开不管。[77]

这可能就是当爱因斯坦说"科学的伟大本质上是个品格问题。主要之点是:不要做任何腐朽的妥协"这句话时的意思。[78]

爱因斯坦苦苦思索的"最重要的问题"之一是光与力学定律的关系。在提出我们今天所称的狭义相对论之前,他思考这个问题差不多有10年之久。他也苦苦思索光的本性问题达50年之久,但直到他去世,尽管他对光的量子论作出了非凡的贡献,却始终没有对他自己或任何他的同代人所得出的答案感到满意。[79]

现在我要回到"好奇"(wonder)对爱因斯坦的意义这个问题。正如埃里克松所强调的,爱因斯坦有能力保持童心,所以让我们转回到他的儿童时代。据爱因斯坦回忆,他最早的好奇是"当我还是一个四五岁的小孩,……在父亲给我看一个罗盘的时候。"[80]

什么使爱因斯坦对某种事件感到好奇呢?回答与前面谈到的一点是有联系的,这可从前面的引自《自述》的一段话的后续内容看出来:

> 对我来说,毫无疑问,我们思维的绝大部分不用符号(字词)也可以进行,而且在很大程度上是无意识地进行的。否则,为什么我们有时会完全自发地对某一事件的出现感到"惊奇(好奇)"?这种"惊奇(好奇)"看来只是当出现的一个事件同一个充分固定于我们之中的概念世界相冲突时才会发生。[81]

在这里我插进一个实际上是后面的句子:

> 凡是人从小就看到的事情,不会引起这种反应;他对于物体下落,对于风和雨,对于月亮,对于生物和非生物之间的区别等都不感到好奇。[82]

所以,对爱因斯坦来说,不是现象的某种内在的"奇异性"(wonderfulness)使人"好奇",而是这个现象同我们已有的概念框架之间明显的冲突使我们"好奇"。例如,一棵树,不管它多美,不是爱因斯坦意义上的"好奇",而一棵**说话的树**会使人"好奇"。现在我们可以理解为什么罗盘会使小阿尔伯特"好奇"。

> 这只指南针以如此确定的方式行动,根本不符合在我无意识的概念世界(同推动或接触相联系的行动)中能找到位置的那类事件。我现在还记得——或相信我自己记得[67 岁的人记得 5 岁的事]——这种事件给我一个深刻而持久的印象。一定有某种东西深深地隐藏在事物后面。[83]

继续前面的引文:

> 每当我们尖锐而强烈地经历到这种冲突时,它就会反过来作用于我们的概念世界。这种概念世界的发展,在某种意义上说就是对"惊奇"(surprise)的不断摆脱["Wunder"——爱因斯坦在这里玩弄着这个德文单词的双重意义]。[84]

1905 年的相对论论文提出了下一公设间的这样一种冲突:

> 不仅力学现象而且还有电动力学现象都没有与绝对静止概念相对应的性质。而是,电动力学和光学的同样一些定律将对一切坐标系有效,在这些坐标系中力学方程成立……[这个公设]此后称为"相对性原理"。

而且

> 只有似乎不相容的[公设]……即光总是在空虚空间中以一确定的速度 V 传播,与发射体的运动状态无关。

第一个(相对论)公设是论磁体与导体的一节中讨论的电磁感应现象"以及检测地球相对于'光介质'的运动之不成功尝试"所提示的;而第二个(光)公设也是基于大量的实验结果:光行差现象、阿拉戈实验、斐佐实验,等等。[85]这两组现象的冲突是引起爱因斯坦意义上的"好奇"的原因,[86]它"反过来作用于我们的概念世界",我们必须以这样的方式修改它,使得冲突表现为"只是表观的"。

谈到"相对论的基本概念",据莫什科夫斯基(Moszkowski)报道,爱因斯坦是这样说的:

> 认为这个基本原理是作为原初概念来到我心中的,那是不正确的。如果它是这样产生的,就有理由说它是一个"发现"。但必须否认的正是你预设的这种突然性。而我却是被来自经验的**一个个的**规则性(按照自然规律出现的事件)**一步步地**导向它的。[87]

这就是为什么爱因斯坦宁愿用"发明"一词来表征他的工作,而不用"发现"一词:"发明在这儿是作为建构活动而出现的。"[88]

最后转到他的"传声筒"问题,爱因斯坦显然感到在他一生中需要把他的思想阐述给同情的倾听者——即使倾听者没有受过足够的物理学训练。施特劳斯报道说:

> 他把他的所有新思想说给妹妹听,她只是通过他才同物理学有关系。但她一定是个极好的倾听者,因为他时常说:"是的,我妹妹也同意。……"我想,正是这种把深奥概念简化为它们的直观内容的能力,在很大程度上是他享有盛名的原因。[89]

在他一生中,第一个充当这样的角色的人是他的叔叔雅各布,叔叔引导他学代数,向他提出技术问题(见前面一节),而一个年轻的医科学生塔尔迈(Max Talmey),比阿尔伯特大11岁,他引导他读科普读物并开始同这位年仅10岁的孩子讨论科学与哲学问题。[90]在苏黎世工业大学的年代,格罗斯曼和贝索在爱因斯坦通过与别人对话澄清他的思想的过程中起着重要的作用。[91]而且,我们将在下一节看到,在那些年中,在他与马里奇的关系中他试图把创造性工作与爱情相结合,可是这个尝试最终失败了。

4. 爱因斯坦和马里奇

在第1节末,我引用了埃里克松论爱因斯坦一生中"在工作与亲情之间某种对立倾向"的作用。通过他现存的信件,我们能够提出在他一生的很早期这种对立倾向——或张力——的证据。像许多年轻人一样,爱因斯坦对亲情的寻求与追求爱情紧密相连。青年爱因斯坦对女性有吸引力,并懂得如何利用他稚气的魅力,甚至表现一种轻佻的情调。[92]

他第一次认真的恋爱是同玛丽·温特勒(Marie Winteler),她是约斯特·温特勒(Jost Winteler)和保利娜·温特勒(Pauline Winteler)的三个女儿之一,他在阿尔高州立中学念书时寄住在他们家(见第1节)。[93]他们成为他的代理父母,他与他们建立了亲密和持久的关系,称他们为"妈妈"和"爸爸"(注意,他的亲生母亲与代理母亲都叫保利娜)。他17岁时与玛丽相爱。她大他两岁——他爱情生活中一再出现的模式——在当地师范学校学习,此后她在附近一所小学任职。

他们关系的深度可以从他给她的一封信的这一摘录估量出来,这封信是他在意大利他父母家中度假时从那里发出的:

> 我的小天使,现在我该完完全全理会想家和思念的含义了。然而,爱情给人的欢乐远远胜过思念引起的痛苦。只有现在我才看出,我的可爱的小太阳对于我的幸福已经成了多么不可缺少的了。……对于我的心灵来说,您胜过以往整个世界。[94]

她以同样的热情回信,双方父母也同意这种关系。[95]在从州立学校毕业后,他搬到苏黎世,进入工业大学,不管玛丽的炽热来信,[96]这次迁徙导致感情上和身体上与玛丽的分离。在上面所引的信一年以后,爱因斯坦写信给"妈妈"温特勒,谢绝了到温特勒家共度复活节假日的邀请:

> 由于我的过失,我已经引起这个亲爱的小姑娘太多太多的痛苦,倘若我再以新的痛苦换取几天的欢乐,那就不仅是可耻了。我对于这样温柔敏感的天性的漫不经心和一无所知,已经引起亲爱的小姑娘的痛苦,现在我也该体验一份这种痛苦了,这使我感到一种奇特的满意。紧张的智力劳动和对上帝赐予的自然界的沉思冥想是将要引导我通过此生一切动乱的天使——她们安抚我、激励我,却又严酷无情地强而有力。……一个人为自己创造这样一个小小的天地——尽管同真实存在之永恒变化无常的广袤相比,它是如此可怜地微不足道——这个人还是惊奇地感到这个小天地是多么伟大和重要,就像鼹鼠在它自己挖掘的洞里一样。[97]

将这段叙述同他二十多年后写的东西作比较是很有意思的:

> 把人们引向艺术和科学的最强烈的动机之一,是要逃避日常生活中令人厌恶的粗俗和使人绝望的沉闷,是要摆脱人们自己反复无常的欲望的桎梏。……人们总想以最适合他的方式画出一幅简化的和易领悟的世界图像;然后试图用他的这种图像来代替经验世界,并来征服它。……他用这种图像及其构成作为他的感情生活的重心,以便由此找到他在个人经验旋涡的狭小范围里所不能找到的宁静和安定。[98]

虽然这儿是用更深奥的文字表达的,人们还是可以看出自1897年以来他的态度基本上没有改变。

尽管爱因斯坦和玛丽·温特勒的关系作为青少年的恋情并没有什

么不寻常之处,但若干在他的感情生活中——特别是和他的两个妻子——一再出现的动机在这一段恋情中已经出现了:他渴望与一个女人建立很深的亲密关系;他在达到目的之后或早(如这一次)或晚(如在他两次婚姻中)在感情上从这种关系中退出;他逃避"仅仅是人际的"世界,进入一种一直是更为成功的尝试,即把他的感情生活集中于创造一个"人外的"世界,而他能在这个世界中避难。

当然,这些并没有使爱因斯坦变得独特:今天一定有成百万人有类似的感情史。他之所以伟大是在于他能够在他自己的"小世界"或"简化的世界图像"中取得成功,在于他能够在多么大的程度上把他的想象强加在"真实存之永恒变化无常的广袤[世界]"或"经验世界"之上。

他同玛丽·温特勒的关系从没有实现彻底的亲密,也从没有共同研究过一个物理学问题。他们似乎没有发生过性关系(她后来写道:"我们彼此深深相爱,但这完全是理想的爱情。");并且虽然温特勒是一个小学教师,但她似乎对物理学既无兴趣,也不想学。但爱因斯坦很快就试图把工作和爱情这两极结合起来,他通过共同学习物理与性爱的纽带一度与马里奇尝试这种结合。她比他大3岁,是工业大学数学物理师范部少数同学之一。

我在别处讲过这种试图维持爱情并共同研究物理学的尝试失败了,并最终导致离异的故事。[99]这里我将只讲到1905年。谈他们在这些年的关系特别重要,因为近来的PBS电视节目,现在已有DVD,并有它的网址,[100]声称"马里奇,一位卓越的数学家,在三项著名工作上与[爱因斯坦]合作:布朗运动、狭义相对论和光电效应。"[101]如果这个声明是正确的,我必须荣幸地把马里奇的名字放在本书的书名页上并说明她在这一合作中的作用。在本节的附录里,我希望表明,没有可靠的证据支持这样一些论断。

前已指出,爱因斯坦的父母已同意玛丽·温特勒,但对马里奇则日益敌视。看来很清楚,他用他与她的关系帮助他摆脱父母——特别是他母亲试图在他一生中起的主导作用。无论如何,起初他们的结合感情很深。爱因斯坦早期给马里奇的信有许多例子表明他如何把他自我的边界扩展到包括她在内,这在亲密的爱人之间是很普通的现象。这里有两个这样的例子:

> 我多么幸运。找到这样一个与我相配[ebenbürtig]的人,你坚强、独立,正像我自己一样! 我和所有的人相处都感到孤独,只有你例外。

> 你必须永远是我的女妖和我的街上的顽童。……除了你,我觉得所有的人都是这样的陌生,就好像有一堵看不见的墙把他们和我分隔开。[102]

他甚至变成一个依赖于同她一起学习的人:"没有你,甚至学习也只有一半快乐。"[103]

虽然他给马里奇的信已明白表示他是用他们之间的关系来帮助他摆脱他的家庭,[104]但在他于1902年得到父亲的临终祝福之前,他显然感到不能结婚。尽管事实上,该年早些时候,马里奇已经生下他们的女儿,在信中他们称她为"丽莎尔"(Lieserl)。丽莎尔的命运至今未知,但她的存在本身已引起最荒唐的想象。一位爱因斯坦专家甚至大胆提出这样的观点,即马里奇和爱因斯坦曾经实施避孕,直到马里奇想要一个非婚生孩子时才停止这样做! 人们很难相信这位专家实际读过他们的来往信件。马里奇在她怀孕时在信中经常表示真正的失望,而这时爱因斯坦同样经常保证他对她的爱情,并在他的信中重复这样的保证:归根结底,一切都会好起来的,在他获得一份工作以后,他们就能够结婚;在他看来,她胜过她的任何女友,因为她已经开始要结婚了。[105]

起初,爱因斯坦也试图把马里奇拉入他的创造性生活当中。他给她的信中充满了关于他的物理学思想的说明,包括新的理论思想和新实验的建议。我在别处已详细讨论过这些信件,[106]所以在这儿仅仅指出,甚至对于爱因斯坦详细说明他关于动体电动力学的惊人思想的信,在马里奇的直接回信中,也没有她对他关于这一主题的思想的回应,对于他提出的物理学中的任何其他题目,在她的信中也找不到回应。

然而她肯定注意地听了他所说的东西。爱因斯坦在工业大学的朋友冯·于克斯屈尔(见前面第1节)也和马里奇熟识(有一些时候她们住在同一个宿舍),她作了最有趣的叙述:

> 她回忆说,[爱因斯坦]有能力清楚地说明困难的问题,并会在他们从实验室走回家的途中倾诉他的思想。冯·于克斯屈尔说:"我认为马里奇是相信他的理论的第一个人。当我有一次评论说,我发现爱因斯坦的理论完全是异想天开,她很有信心地回答道:'但他能证明他的理论。'我自己默默地想,她一定真正地爱上他了!"[107]

我相信,起初爱因斯坦想与马里奇在学术上合作,但她就是不能达到他所期望的水平。她当然起了他的思想的"传声筒"作用,在这时期,贝索也起了这种作用,在爱因斯坦的人生过程中许多别的人也曾起到这个作用(见前面第3节)。马里奇无疑起了同情的——甚至推崇的——倾听者的作用,这在爱因斯坦把他的非言语的思想转变为可交流的文字的第二阶段中至关重要(见前面第3节),当爱因斯坦还没有直接进入科学共同体时,她是他的思想的热情的鼓吹者和辩护人。她也不时地充当他的打字员,或许还帮他查找数据和核对计算。但完全没有证据表明她对他的创造过程贡献了她自己的思想,更不能说他们进行了合作研究(回想一下当爱因斯坦晚年像合作研究这种事情发生时他所表现的惊讶——见前面第3节开头部分)。

是否有可能有另一个不同的、更有天才的、更有主见的妇女——一个玛丽·居里(Marie Curie)或一个塔蒂亚娜·埃伦费斯特(Tatiana Ehrenfest)——在青年爱因斯坦的创造性活动中起更大的合作作用；还是他的天才就需要在智力上孤独，对此不能作肯定的回答，虽然如果让我选择，我会选择后者。对我来说可以肯定的是——在仔细考察所谓的相反的证据之后(参见附录)——没有证据足以证明马里奇起过这样的作用。

如我在别处已详细证明的那样，在爱因斯坦给马里奇的信中提到"我们的工作"时都是一些十分一般性的陈述；在涉及工作的具体论断时，他总是用单数第一人称("我"，"我的"等等)来描述它。我认为在评估那些一般性陈述时必须考虑两个因素：在他们相爱的早期的、最热烈的阶段，爱因斯坦常把马里奇纳入他的自我的边界之内，有时使他忽视了"我的"与"我们的"区分。[108]当她在婚前怀孕并与爱因斯坦不住在一起时，马里奇表达了她的失望，而他时常肯定地回答，描绘了他们未来一起工作的情景。[109]这里是一个例子：

> 到你成为我的亲爱的小妻子的时候，我们要勤奋地一道从事科学工作，这样我们到老也不会成为庸人，对吧？[110]

但是这种合作从来没有到来。在他们结婚之后，甚至她在学生时期曾起过的作用也开始消失了。当有人问他们的儿子汉斯·阿尔伯特·爱因斯坦："那末你的母亲，她如何对待他日益上升的名誉？"他回答说：

> 她为他感到骄傲，但这也是很久远的事了。这很难理解，因为她原来同他一起学习，她自己也曾是一个科学家。但是，由于某种原因，在结婚后她实际上放弃了她在那方面的所有雄心壮志。[111]

在《爱因斯坦和马里奇》(Einstein and Marić)一文中，我探讨了她丧失她早年的雄心壮志的可能缘由,而爱因斯坦在这方面当然不是没有过错。即使她的天赋不及他自己,他也可以让她更多地参与他的智力工作。但事实是,在定居伯尔尼之后,爱因斯坦发展了另一个"迷人的"传声筒们的"小圈子"。这由他的两个亲密的朋友索洛文(Maurice Solovine)和康拉德·哈比希特(Konrad Habicht)组成,他们同阿尔伯特一起成为他们自己创立的奥林匹亚科学院的全部成员,他们建立这个科学院是为了嘲笑那些排斥他们的真正的科学院。这个"迷人的小圈子"很快又一次包括了贝索,他是爱因斯坦苏黎世求学时期的朋友,爱因斯坦帮他在专利局找了一份工作。还有少数其他朋友。[112]

到1905年,她还没有被完全排挤出"迷人的小圈子"(据说她静静地坐着,但很注意地参加奥林匹亚科学院的会议),马里奇肯定处在边缘地位,而爱因斯坦—马里奇关系已开始带有"庸人的"属性,这是爱因斯坦以前十分渴望避免的。他们一起在伯尔尼定居下来以后,他写信给他的朋友贝索道:

> 好,我现在是一个体面的已婚的人,与妻子过着美好愉快的生活。她非常好地照顾一切,饭菜做得好,并且总是很快乐。[113]

马里奇写信给她的朋友萨维奇(Helene Savić):

> 如果可能,我甚至比在苏黎世的时候更加依附于我亲爱的宝贝。他是我唯一的伴侣和社会,当他在我身旁时我是最快乐的了。[114]

她在信中问在贝尔格莱德有没有阿尔伯特和她自己可担任的教师职位,萨维奇与她的丈夫定居在那儿,据已知材料,这是马里奇最后一次提到从事物理学工作的可能性。

到1905年他们的关系已到达一种平衡,直到他们接触更大的世界以前，一直持续着这样的关系，当1909年爱因斯坦离开专利局并在苏黎世大学首次担任全职学术职位时，情况开始有所变化。当他的科学声望上升时，他感情上的分离变得日益明显了，马里奇很了解将要发生什么：

> 他现在是说德语的权威物理学家了并且被人可怕地推崇。我很为他的成功高兴，这是他真正应该获得的：我只希望并祝愿名誉不要对他的为人方面产生有害的影响。[115]

附录

现在我必须不情愿地回到最后一节开始时引过的那个论述，即"马里奇，一位卓越的数学家，在三项著名工作上与[爱因斯坦]合作：布朗运动、狭义相对论和光电效应。"相信我，我并不乐意转到这项任务。我完全知道19世纪丹麦外交家的评述"更正总没有虚假报道的那种魅力和影响"。但如果那个论述真有任何可信的证据的话，这本书就不会只以爱因斯坦的名义出版了。

说"马里奇[是]一位卓越的数学家"，必须对照一下这个事实，她在工业大学参加了两次最终的结业考试，但每一次都因为数学分数低而失败了。但是，如果我们有任何证据表明她"在三项著名工作上与[爱因斯坦]合作：布朗运动、狭义相对论和光电效应"，那这事实就可另当别论了。PBS网址上为该论述提供的唯一证据是下面的陈述：

> 但至少有一个刊印了的报道，其中约飞["Abram Joffe (Ioffe)，一位令人尊敬的苏联科学院院士"]宣称他个人看到1905年论文上有两个作者的名字：爱因斯坦和马里蒂(Marity)（马里奇的匈牙利文的写法）。[116]

关于约飞的论述提出了什么证据呢？在网址的同一页上是一个俄文文本的一部分的插图,附有说明"老的俄文期刊说到爱因斯坦–马里蒂(马里奇)是 1905 年几篇论文的合作者。"除了这张插图,没有引用这一论述的任何出处。

事实上,插图并**不**是引自约飞的文章,也**不**是引自"一份老的俄文期刊",也**没有**说爱因斯坦和马里奇是"1905 年几篇论文的合作者"。约飞"**发表的报道**"是 1955 年苏联期刊《物理科学进展》(*Uspekhi fizicheskikh nauk*)上的文章,[117]它**也没有**说爱因斯坦和马里奇是"1905 年几篇论文的合作者"。

插图实际上是在莫斯科青年近卫军出版社 1962 年出版的达宁(Daniil Semenovich Danin)的 *Neizbezhnost strannogo mira* 这本科普读物的第 57 页上。有关段落的文本的译文是:

> 这位不成功的教师,他为了寻求合理的收入,成为瑞士专利局的三级工程技术专家,这个尚不知名的理论家于 1905 年在著名的《物理学杂志》同一卷上发表了三篇论文,署名是"爱因斯坦–马里蒂"(或马里奇——这是他的第一个妻子的姓)。

这段译文是引自比耶克内斯(Christopher Jon Bjerknes)的书。[118]俄文文本重印在这本书的第 196 页上,而与网址上的插图相比较(它与 PBS 电视节目上用的插图是相同的),确认了这确实是"老的俄文期刊"所引用的。

可是,这些论文的署名可能并不是"爱因斯坦–马里蒂"**和**爱因斯坦–马里奇——那末这个署名是怎么一回事呢？达宁显然没有它们如何签署的线索。他只是夸大了他从别处听到的故事——实际上是从约飞那里,我们将马上看到这一点。就我们所知,达宁的文本首先在出版物中被引用是与莫勒(Margarete Maurer)对爱因斯坦和马里奇的讨论有关。[119]不能认为比耶克内斯和莫勒都偏袒爱因斯坦（我要说正好相反），但她说，"复印自达宁的著作的一页确实还不能代表一个历史的'证明'"，她并进一步提示这或许起源于约飞的回忆录，而这她当时还未得到。

确实，如果人们看一看约飞的这段话，显然这就是达宁的论断的来源，所以让我们转向这段话。它的译文如下：

> 关于物理学，特别是我们这一代——即爱因斯坦的同代人——的物理学，爱因斯坦进入科学舞台一事是不能忘却的。在1905年，三篇论文发表在《物理学杂志》上，它们开创了20世纪物理学的三个很重要的分支。这些就是布朗运动理论、光量子论和相对论。这些论文的作者——当时一个不知名的人，是伯尔尼专利局的官员，爱因斯坦-马里蒂（马里蒂是他妻子的姓，按瑞士的习惯加在丈夫的姓之后）。

还有，这段译文（对三篇论文的描述稍有修正）是引自比耶克内斯的书的第195—196页；俄文原文在第196页上。我们看到，达宁加到约飞的陈述上的全部内容是众所周知的事实，即爱因斯坦是专利局的三级工程技术专家；而加在爱因斯坦-马里蒂之后的是"（或马里奇——他第一个妻子的姓）"，我们在下面将回到此事的原委。

为什么PBS的制片人展示的和网址作者挑选展示的是达宁论述的一段摘录，而不是约飞的论述的摘录？人们只能猜想；但值得注意的是，虽然他没有谈到两位作者，可是达宁用了"署名"一词，而约飞没有。上面所引文本**全部在**约飞的原文之中，该文对1905年三篇论文的作者问题有所影响。总而言之，他说这些文章的作者是在瑞士专利局工作的人，他的姓名是"爱因斯坦-马里蒂"（注意："或马里奇"这个短语并没有出现在约飞的论述中）。

　　PBS节目和网址关于约飞的所有进一步论断实际上都是根据特尔布霍维奇-久里奇(Desanka Trbuhović-Gjurić)在她写的马里奇传记中的断言：

　　　　著名俄国物理学家约飞(1880—1960年)在《回忆阿尔伯特·爱因斯坦》(In Remembrance of Albert Einstein)一文中指出，爱因斯坦发表在1905年的《物理学杂志》第17卷上的三篇划时代的论文原来的署名是"爱因斯坦-马里奇"。[120]

注意，这**不**是约飞的原话，原话是"这些论文的作者……是……爱因斯坦-马里蒂"。他未作有关署名的论断，肯定也没有关于**看到**原来署名的论述。但让我们继续看引自特尔布霍维奇-久里奇的引文：

　　　　约飞作为伦琴(Röntgen)的助手时看过原稿，伦琴是《物理学杂志》的编委，审查过送到编辑部的稿件。伦琴把这篇论文给他的高材生看，约飞因此能看到手稿，此稿现已不存在。[121]

特尔布霍维奇-久里奇没有为她下面的两个论述提供任何文件或其他理由：(1)伦琴曾经掌握原稿，(2)然后他把这些稿子给约飞看；当后来爱因斯坦全集的副主编舒尔曼(Robert Schulmann)访谈她时，她也不能提供任何更多的证据，除了提到一篇文章的缩微胶卷，她儿子后来说这是达宁的"文章"(参见前引莫勒中的讨论)。注意，如果特尔布霍维奇-久里奇的第一个论述不成立，第二个论述作为前者的直接推论也就不能成立。所以让我们开始考察第二个论述，暂时"不谈"第一个论述的真假。

　　如果第二个论述是正确的，那就很难理解为什么约飞在从1905年到他去世的1960年之间的55年内从未提到这件最有意义并且又很不寻常的事实？而且为什么在他的自传[122]中(其中有一章是有关爱因斯坦的)也未提及？但他从来也没有在出版物中声称他**看到**过原稿——

在约飞死**后**也没有任何人这样说。如果记忆在他的心中仍保留得如此生动,他在最后一次看到手稿的50年后仍正确地记得"爱因斯坦-马里蒂"这个名字,他为什么从来没有提起过这一事实,甚至当他发表两篇有关爱因斯坦的回忆录时也未提及? 对于他为什么从未声称他看到过手稿的最简单解释就是他从未见过。

当然,第二个论述的真正可能性完全取决于第一个论述的确实性。如果伦琴审查过三篇论文的原稿,那就很奇怪他要等到1906年9月才写信给爱因斯坦,索取他关于电动力学的论文的重印本补充到他的(伦琴的)这方面的论文集中。他补充说,他关注布朗运动已有若干时候,因此熟悉爱因斯坦这方面的工作,所以不索取这一工作的重印本。这一对比表明直到1906年年底伦琴仍不熟悉爱因斯坦有关电动力学的工作,这就对特尔布霍维奇-久里奇论断的第一部分提出了疑问。而且为什么《物理学杂志》1905年的主编德鲁德,他是有关电磁理论和光学的两本书和许多论文的作者,还需要要求慕尼黑的实验家伦琴来审查爱因斯坦的纯理论性的稿件? 德鲁德于1906年去世前曾两次在出版物中引用相对论论文,由此可见,他显然熟悉并积极评价爱因斯坦的电动力学论文。

德鲁德在《物理学杂志》理论物理论文方面的顾问是普朗克,爱因斯坦的妹妹赞扬他是第一位对1905年的相对论论文作出书面反应并送给爱因斯坦的物理学家。[123]下面是关于德国理论物理发展的第一流的论述必须谈到的1905年左右《物理学杂志》的编辑业务实践的状况:

> 同时[1894年]他[普朗克]获得正式的委任,负责全德国理论物理方面的事务,取代亥姆霍兹作为《物理学杂志》理论物理方面的指定顾问。……当1900年德鲁德成为《物理学杂志》主编时,普朗克继续担任顾问。他们之间的工作关系很好,即使并不总是使普朗克如他所愿望的那样保持信息灵通。

作为《物理学杂志》的理论物理顾问，普朗克在1905年已熟悉爱因斯坦的工作。爱因斯坦经常递送论文给这个杂志已有5年之久，最重要的是探讨热力学和统计物理学的论文，这些是当时普朗克特别感兴趣的课题。1905年，爱因斯坦把这些研究扩展到普朗克所研究的课题——黑体辐射。同一年爱因斯坦的相对论也促使普朗克从事这方面研究；玻恩（Max Born）注意到，这一课题"比任何其他东西更吸引普朗克的想象力"。[124]

当面对着这些情况时，特尔布霍维奇-久里奇提出的论断的辩护者通常反问：那约飞怎么会知道"马里蒂"是马里奇有时用的名字呢？例如，哈里斯（Evan Walker Harris, PBS 节目中被访谈的那些人之一）说："约飞只有看到过她原来的签名他才能知道，因为'马里蒂'的这种用法在爱因斯坦的任何传记中显然都没有发现过。"[125] 最后这个说法不正确。发表在约飞文章之前的泽利希（Carl Seelig）的著名的爱因斯坦传就写出她的姓名是"米列娃·马里奇或马里蒂"。[126]

但是不管马里蒂的"这种用法"是否能在任何其他爱因斯坦传记中找到，约飞仍可能从其他出版物中找到这个事实。"马里蒂"毕竟是在他们的结婚证书上出现的她的姓名的形式，而这一事实可能被若干其他有关爱因斯坦著作的作者所发现。要对约飞可能在什么地方发现这一信息这个问题作出可靠的判断，必须对有关爱因斯坦的几种文字（包括俄文）的文献进行仔细的检索。我自己冒险猜测约飞是在爱因斯坦刚逝世不久后出版的文件中看到她的姓名的这种形式。如果他只在差不多50年前看到它，很难解释为什么他能在1955年说出姓名的正确形式。

但是甚至除出版物之外，他也有可能从什么人那里听到它。另一个可能的令人感兴趣的解释是约飞可能从爱因斯坦夫人本人那儿听到它的！在约飞的回忆录著作中，[127]其中有一章是关于爱因斯坦的。那里**没**有他在1905年论文上看到"爱因斯坦–马里蒂"的故事；但**确实**有关于1905年会见爱因斯坦夫人的叙述。

> 我非常想同爱因斯坦谈所有这些问题，并且与我的朋友瓦格纳（Wagner）一道在苏黎世访问了他。但我们没有在他家中找到他，所以不能同他谈话。可是他的妻子告诉我们，正如他自己说的，他只是专利局的一个职员，不能认真思考科学问题，更不用说实验了。[128]

这在许多方面都是一个奇怪的故事：当爱因斯坦在专利局工作时，他和马里奇当然是住在伯尔尼，而不是在苏黎世。而且如果马里奇真是如这里所引用的那样把他的话转告他们，看来她说的是反话。当然，约飞对他50多年前的访问的许多细节可能记得不准确。但如果这故事有任何真理的颗粒（如果我们要否认约飞的故事的任何真理颗粒，我们也可能首先否定有关"爱因斯坦–马里蒂"的事），那末他可能在他们谈话时从爱因斯坦夫人本人那里听到"马里蒂"的——或者甚至从公寓门铃上写的姓名看到的——后来又加上某种有关瑞士已婚夫妻姓名习惯的无意中混淆了的信息。

或许甚至更可能的是，约飞是从保罗·埃伦费斯特（Paul Ehrenfest）那里知道马里蒂这个姓的。他和埃伦费斯特交友几十年，而已出版的他们之间的通信，时间跨度从1907年到后者最终逝世时为止。[129]自1911年或1912年以来，埃伦费斯特就熟识爱因斯坦和马里奇，他可能就是有关马里奇姓名的某种信息的来源，而约飞在多年以后还模糊地记得。

但让我们设想——与所有这些论证相反——特尔布霍维奇–久里奇的两个论断是正确的。那末我们怎样从这些论断——这些论文有一个署名(爱因斯坦–马里蒂)——推出这一个署名代表**两个**作者？在所说的这三篇论文中,作者本人作了许多评述,用的都是第一人称**单数**。现从每篇论文取一个例子如下(斜体*是后加的):

> 在本文中**我**将叙述一下**我的**思路,并且援引一些引导**我**走上这条道路的事实……(本书第135页)。

> 可能,这里所讨论的运动就是所谓的布朗分子运动;可是,关于后者**我**所能得到的资料是如此的不准确,以至在这个问题上**我**无法形成判断(本书第62页)。

> 最后,**我**要声明,在研究这里所讨论的问题时,**我**曾得到**我的**朋友和同事贝索的热诚帮助,**我**要感谢他提出的一些有价值的建议。(本书第119页)。

当然,这并未解决谁做了工作的问题。但这确实证明这些论文是以一个作者的口气写的,所以似乎解决了论文是否由两个署名的作者提交的问题——除非我们相信《杂志》的编辑不仅删去了一个署名的作者,并且仔细地把所有用复数第一人称的地方都改为单数第一人称!

我们已经看到,为了给特尔布霍维奇–久里奇的论断以可信度,我们被迫把一种不大可能性叠加在另一种不大可能性上:伦琴不大可能看到手稿,约飞不大可能看到它,他不大可能作出如下的论断:一个人写的几篇论文应该被解释为它们是由两个人写的。最简单而又最自然的过程,是拒绝**所有**这些难以置信的论断。

约翰·施塔赫尔
2005年1月

---

* 中文版此处变为黑体。——译者

编者注

1. Jürgen Renn and Robert Schulmann, eds., *Albert Einstein/Mileva Marić: The Love Letters* (Princeton, N. J.: Princeton University Press, 1992), 此后简写为 *Love Letters*, p. 67。德文原文是 "Es lebe die Unverfrorenheit! Sie ist mein Schutzengel in dieser Welt" in *The Collected Papers of Albert Einstein* (Princeton University Press, 1987—   ), 此后简写为 *Collected Papers*, vol. 1, p. 323。

2. *Collected Papers*, vol. 5, p. 3。德文原文为 "Ich suche die Einsamkeit, um mich dann still über sie zu beklagen."英译文是本文作者译的(除非另有说明)。

3. 参见《时代》杂志2000年1月3日出版的那期。

4. 实际上,自1929年以来《时代》刊载的爱因斯坦的三个封面肖像没有一张是青年爱因斯坦的肖像。

5. 关于本文与原来的导言提出的若干课题的进一步讨论,可参见 John Stachel, *Einstein from 'B'to 'Z '* (Boston: Birkhäuser, 2002)。

6. 霍尔顿似乎是指出"爱因斯坦一生的工作与风格中……一组显著的令人困惑的对立倾向"的第一人。参见 Gerald Holton, "On Trying to Understand Scientific Genius," in *Thematic Origins of Scientific Thought*, rev. ed. (Cambridge, Mass.: Harvard University Press, 1988), pp. 371—398; 引自 p. 374。关于对立倾向概念的讨论,参见 John Stachel, "The Concept of Polar Opposition in Marx's *Capital*," in Stachel, *Going Critical*, vol. 1, *The Challenge of Practice* (Boston: Kluwer Academic, 2005)。

7. Erik Erikson, "Psychoanalytic Reflections on Einstein's Centenary," in G. J. Holton and Y. Elkana, eds., *Albert Einstein, Historical and Cultural Perspectives: The Centennial Symposium in Jerusalem* (Princeton, N. J.: Princeton University Press, 1982), p. 152.

8. 同上书,p. 153。爱因斯坦唯一一个妹妹马娅,她比他小两岁,她说她是他发怒的第一个受害者,包括用九柱戏球和小孩玩的小锄头打她(*Collected Papers*, vol. 1, p. lvii)。

9. 巴伐利亚所有的学校都是属于教派的,当时在慕尼黑没有犹太人的学校。

10. Albert Einstein, letter of 3 April 1920, *Collected Papers*, vol. 9, p. 492; 英译文引自 John Stachel, "Einstein's Jewish Identity," in *Einstein from 'B'to 'Z '*, p. 59。这篇文章给出了关于爱因斯坦教室中的反犹太人的更多细节。

11. Letter of 25 January 1918, *Collected Papers*, vol. 8B, p. 614.

12. 施特劳斯说爱因斯坦曾告诉他,"当我在慕尼黑高级中学时,我的班主任跑到我面前说:'如果你离开我们,我会很高兴。'我回答说:'但我没有做任何错事呀。'——'是这样,但你待在这个班里就足以破坏一切。'"参见 Ernst Straus, "Assistant bei Albert Einstein," in Carl Seelig, ed., *Helle Zeit—Dunkle Zeit/ In Memoriam Albert Einstein* (Zurich: Europa Verlag, 1956), p. 73。

13. *Collected Papers*, vol. 1, p. lxiii.

14. 为避免混淆,要指出阿尔高州立中学位于瑞士阿劳镇。

15. *Collected Papers*, vol. 2, p. 11.

16. Carl Seelig, *Albert Einstein / Eine dokumentarische Biographie*, 2d ed. (Zurich: Europa, 1954), p. 22.

17. G. J. Whitrow, ed., *Einstein, The Man and His Achievement* (London: British Broadcast-

ing Corporation, 1967; New York: Dover Publications, 1973), p. 4. 引文引自 Dover 版。

18. Roger Highfield and Paul Carter, *The Private Lives of Albert Einstein* (New York: St. Martin's Press, 1994), pp. 39—40. 爱因斯坦对珀纳特教授的评价看来是正确的：他已是个病人，几年后就去世了。

19. *Collected Papers*, vol. 1, p. 47.

20. 参见下文，以及 "Einstein as a Student of Physics, and His Notes on H. F. Weber's Course," in *Collected Papers*, vol. 1, p. 60—62。

21. 参见 Carl Seelig, *Albert Einstein/A Documentary Biography* (London: Staples Press, 1956), p. 30。泽利希还举出了韦伯敌视爱因斯坦的其他证据。

22. Philipp Frank, *Einstein, His Life and Times*, rev. ed. (New York: Knopf, 1953), pp. 20—21. 此书的写作得到了爱因斯坦的帮助。英译文参照了德文原版 *Einstein, Sein Leben und Sein Zeit*, 第一版出版于 1949 年，再版于 1979 年，有爱因斯坦写的前言。

23. Marić 致 Helene Kaufler, 1900 年 6 月 4 日至 7 月 23 日，*Collected Papres*, vol. 1, pp. 244—245。马里奇的一位女友博陶 (Milana Bota) 于 1900 年 6 月 7 日写信给她母亲说："我很少看见米茨 (Mitza, 马里奇的昵称)，这是因为我恨她的那个德国人"(同上)。我将在第 4 节继续讨论爱因斯坦-马里奇之间的关系。

24. Einstein, "Autobiographische Skizze," in Seelig, *Helle Zeit — Dunkle Zeit*, p. 10.

25. 参见 "H. F. Weber's Lectures on Physics," in *Collected Papers*, vol. 1, pp. 63—210。

26. Letter of 16 February 1898, *Collested Papers*, vol. 1, p. 212.

27. 她离开工业大学一个学期，因此比爱因斯坦晚一年参加考试。

28. Einstein 致 Mileva Marić, 1899 年 9 月 28 日 ?, *Love Letters*, pp. 15—16。

29. Albert Einstein, *Autobiographical Notes*, Paul Arthur Schilpp, ed. and trans. (LaSalle, Ill.: Open Court, 1979), p. 17. 这是 1947 年早先发表的版本的改正版。

30. 同上书, p. 15。

31. Hermann Einstein 致 Wilhelm Ostwald, 1901 年 4 月 13 日, *Collected Papers*, vol. 1, p. 289。

32. Einstein 致 Mileva Marić, 1901 年 7 月 7 日 ?, *Collected Papers*, vol. 1, p. 308, and *Love Letters*, pp. 56—57。

33. 爱因斯坦后来说他自己："我是一匹独来独往的马，不适合与别的马串联行走，不适合协同工作。我从未全心全意地属于我的国家、我的朋友圈子，甚至我的家庭。这些联系总是伴随着一种模糊的陌生感，而且我希望保持孤独，这种感受与年俱增"("Albert Einstein," in *Living Philosophies* [New York: Simon and Schuster, 1931], p. 4. 这一段的另一个译文发表在 "The World As I See It," in *Ideas and Opinions* [New York: Crown, 1954], pp. 8—11)。

34. "Psychoanalytic Reflections," pp. 157—158. 弗兰克对爱因斯坦的描述，引自 Einstein, *His Life and Times* (见注 22)。

35. Maja Winteler-Einstein, "Albert Einstein—Beitrag für sein Lebensild (Excerpt)," in *Collected Papers*, vol. 1, pp. l—li.

36. Aloys Höchtl, "*Lebenserinnerungen* von Aloys Höchtl, geschrieben München 1934" (未发表的手稿)。在 Nicolaus Hittler, *Die Elektrotechnische Firma J. Einstein u. Cie in München—1876—1894* (n.p., n.d.). Dokument Nr. 11512 aus den Wissensarchiven von Global Research and Information Network, found at www.grin.de. 除非有别的指示，希特勒 (Hittler) 的论文是关

于爱因斯坦家族企业在慕尼黑时的全部信息的来源。

37. 同上，p. xii。

38. 这些公司是投标竞争慕尼黑街道电灯工程合同的另外三家公司，下面将作讨论。

39. Höchtl, "*Lebenserinnerungen*," in Hittler, *Die Elektrotechnische*, p. xvi.

40. Oskar von Müller and Dr. E. Voit, "Elektrotechnik in Müchen," in *Die Entwicklung Münchens unter dem Einflüsse der Naturwissenschaften während der letzten Dezennien—Festschrift der 71. Versammlung deutscher Naturforscher und Aerzte gewidmet von der Stadt München* (n.p., 1899), p. 132.

41. Winteler-Einstein, "Albert Einstein—Beitrag für sein Lebensild," p. liv.

42. 参见 *Collected Paprers*, vol. 1, p. lv, 注31。

43. Winteler-Einstein, "Albert Einstein—Beitrag für sein Lebensild," p. lix.

44. Otto Neustätter 致 Einstein, 1928年3月12日, cited in *Collected Papers*, vol. 1, p. lxiv。

45. 他指出在相对论框架中这个问题就消失了。参见 Albert Einstein, "Zur Elektrodynamik bewegter Körper," *Annalen der Physik* 17（1905）: 891—921, 重印于 *Collected Papers*, vol. 2, pp. 276—306。单极感应在第295页上提到。

46. 参见 Arthur I. Miller, "Unipolar Induction: A Case Study of the Interaction between Science and Technology," *Annals of Science* 38（1981）: 155—189, 重印于 Arthur I. Miller, *Frontiers of Physics, 1900—1911: Selected Essays*（Boston: Birkhäuser, 1980）, pp. 153—189。

47. Anton Reiser [Rudolf Kayser], *Albert Einstein: A Biographical Portrait*（New York: Albert and Charles Boni, 1930）, p. 42.

48. 同上书，pp. 42, 43。

49. *Collected Papers*, vol. 1, p. 28.

50. *Collected Papers*, vol. 1, p. 211.

51. Einstein 致 Mileva Marić, 1900年8月14日?, *Collected Papers*, vol. 1, pp. 254—255, and *Love Letters*, pp. 26—27。

52. Einstein 致 Mileva Marić, 1900年8月20日, *Collected Papers*, vol. 1, pp. 255—257, and *Love Letters*, p. 28。

53. Einstein 致 Mileva Marić, 1901年3月23日, *Collected Papers*, vol. 1, pp. 279—281, and *Love Letters*, p. 38。

54. Einstein 致 Heinrich Zangger, 1918年8月11日之前, *Collected Papers*, vol. 8B, p. 850。

55. Einstein 致 Mileva Einstein-Marić, 1903年9月19日?, *Collected Papers*, vol. 5, p. 22。

56. 参见 "Einstein's 'Maschinchen's for the Measurement of Small Quantities of Electricity," in *Collected Papers*, vol. 5, pp. 51—55。

57. Einstein, "Die Freie Vereinigung für technische Volksbildung. Eine Zuschrift des Professors Dr. Einstein an die Vereinigung. Wien, 23. Juli [1920]," *Neue Freie Presse*, 24 July 1920, *Morgen-Ausgabe*, p. 8, 重印于 *Collected Papers*, vol. 7, p. 336。下一节将给出紧接这段引文的前一段引文。

58. Gerald Holton, "What, precisely, is 'thinking?' ...Einstein's answer" in A. P. French, ed., *Einstein: A Centenary Volume*（Cambridge: Harvard University Press, 1979）, pp. 153—164.

59. *Autobiographical Notes*, p. 3.

60. 同上。

61. John Stachel, "The Young Einstein: Poetry and Truth," in Stachel, *Einstein from 'B' to 'Z'*, p. 36.

62. Ernst Straus, "Reminiscences," in Holton and Elkana, *Albert Einstein, Historical and Cultural Perspectives*, p. 420.

63. 两篇论文是同劳布(Jacob Laub)合写的。参见 *Collected Papers*, vol. 2, doc. 51—53。

64. Banesh Hoffman, "Working With Einstein," in Harry Woolf, ed., *Some Strangeness in the Proportion: A Centennial Symposium to Celebrate the Achievements of Albert Einstein* (Reading, Mass.: Addison-Wesley, 1980), pp. 477—478.

65. Einstein to Sybille Blinoff, 21 May 1954, 引自 *Collected Papers*, vol. 1, p. lvi, 注35。

66. Straus, "Reminiscences," p. 419.

67. Einstein-Winteler, "Albert Einstein—Beitrag für sein Lebensild," p. lvii.

68. Robert S. Shankland, "Conversations with Albert Einstein," *American Journal of Physics* 31 (1963): 50. 我感谢马丁内斯(Alberto Martinez)告诉我这份参考文献。

69. 这些叙述是对著名数学家阿达玛(Jacques Hadamard)的提问的回答,发表在阿达玛的书中,即:*An Essay on the Psychology of Invention in the Mathematical Field* (Princeton, N. J.: Princeton University Press, 1945),重印为 "A Mathematician's Mind" in *Ideas and Opinions*, pp. 25—26。括弧中的叙述是我作的。

70. Einstein, "Die Freie Vereinigung für technische Volksbildung," p. 338. 这段引文的下文已在上一节引用(见注57)。

71. *Autobiographical Notes*, pp. 49, 51.

72. "On the Electrodynamics of Moving Bodies," in this volume, p. 123,本书第90页。

73. "Grundgedanken und Methoden der Relativitätstheorie, in ihrer Entwicklung dargestellt," in *Collected Papers*, vol. 7, p. 265.

74. Diary of Rudolf Jakob Humm, 引自 Seelig, *Albert Einstein/A Documentary Biography*, p. 155。

75. Straus, "Assistent bei Albert Einstein," p. 70.

76. Ernst Straus, "Memoir," in A. P. French, ed., *Einstein: A Centenary Volume* (Cambridge, Mass.: Harvard University Press, 1979), p. 31.

77. Einstein, *Autobiographical Notes*, p. 15.

78. Straus, "Assistent bei Albert Einstein," p. 72.

79. 参见 John Stachel, "Einstein and the Quantum: Fifty Years of Struggle," in Robert Colodny, ed., *From Quarks to Quasars: Philosophical Problems of Modern Physics* (Pittsburgh: University of Pittsburgh Press, 1986), pp. 349—385; 重印于 Stachel, *Einstein From 'B' to 'Z'*, pp. 367—402。

80. *Autobiographical Notes*, p. 8. 这故事**第一次**是在 Alexander Moszkowski, *Einstein, Einblicke in seine Gedankenwelt* (Hamburg: Hoffmann and Campe, 1921), p. 219 中报道的,是基于作者与爱因斯坦的谈话。

81. *Autobiographical Notes*, pp. 6, 8. 译文是我自己的,保留了德文单词*Wundern*的意义。

82. 同上,p. 8。

83. 同上。

84. 同上。

85. 关于这些现象的讨论，参见 Michel Janssen and John Stachel, "The Optics and Electro-dynamics of Moving Bodies," Max-Planck-Institut für Wissenschaftsgeschichte 预印本 265，将发表在 Stachel, *Going Critical*, vol. 1,（见注6）；以及 John Stachel, "Fresnel's Dragging Coefficient as a Challenge to 19th Century Optics of Moving Bodies," Max-Planck-Institut für Wissenschaftsgeschichte 预印本 281，将发表在 *Proceedings of the Sixth International Conference on the History of General Relativity, Amsterdam 2002*。

86. 在"Grundgedanken"中（见注73）爱因斯坦说："电磁感应现象促使我提出狭义相对论原理"（p. 265），但在脚注中补充说："要克服的困难在于真空中光速的不变性，我起初认为必须放弃它。只是在多年琢磨之后我才认识到，困难在于基本运动学概念的任意性"（p. 280,注34）。

87. Moszkowski, *Einstein*, p. 103.

88. 同上书，p. 101。"发明"的德文单词是"Erfindung"。在前一页，爱因斯坦坚决拒绝"发现"（"Entdeckung"）一词："发现确实不是创造性活动。"

89. Straus, "Assistent bei Albert Einstein," p. 71.

90. 参见 Max Talmey, "Formative Period of the Inventor of Relativity Theory," in *The Relativity Theory Simplified and the Formative Period of Its Inventor* (New York: Falcon Press, 1932), Part III, pp. 159—179。塔尔迈叙述说："我很幸运有5年时间时常陪伴这位年轻的数学家和哲学家。在这几年里，我从未看到他读任何休闲读物。我也从来没有看到他与任何同学或其他同龄儿童在一起做伴。他通常是自己独处，沉浸在数学、物理和哲学书中"（同上书，pp. 164—165）。

91. 参见 Einstein, "Autoiographische Skizze," pp. 9—17（见前面注24），及 *Collected Papers*, vol. 1 和 vol. 5 中关于格罗斯曼和贝索的文献。

92. 两个早期的例子：在爱因斯坦所住旅馆主人的年轻女儿的纪念册上的题诗（*Collected Papers*, vol. 1, p. 220）；和赠给一位意大利朋友的一张他的照片上的题词："给马兰戈尼（Marangoni）夫人而不是马兰戈尼小姐"（见 *Collected Papers*, vol. 1 中的插图19）。

93. 关于玛丽·温特勒的信息，参见人物志"Müller-Winteler, Marie," in *Collected Papers*, vol. 1, p. 385; 关于她父母的信息，参见"Winteler, Jost, Winteler-Eckart, Pauline,"同上书，p. 388。

94. Einstein 致 Marie Winteler, 1896年4月21日, *Collected Papers*, vol. 1, p. 21。

95. 这可能是他为何很快结束这一关系的若干理由之一。正如我们将看到的，他利用他父母反对他与马里奇的关系帮助他自己从他们对他的影响之下解放出来。

96. 参见 Marie Winteler 致 Einsein, 1896年11月4—25日, *Collected Papers*, vol. 1, pp. 50—53。

97. Einstein 致 Pauline Winteler, 1897年5月, *Collected Papers*, vol. 1, pp. 55—56。

98. Albert Einstein, "Motive des Forschens"［Motive for Research］(speech given in 1918 at a meeting in honor of Max Planck's fiftieth birthday), in *Collected Papers*, vol. 7, pp. 55—56。英译文"Principles of Research" in *Ideas and Opinions*, pp. 224—227, 引自 p. 225, 有所修正。

99. John Stachel, "Albert Einstein and Mileva Marić: A Collaboration That Failed to Develop," 此后作为"Einstein and Marić," 在 Helena M. Pycior, Nancy G. Slack, and Pnina G. Abir-Am, eds., *Creative Couples in the Sciences* (New Brunswick, N. J.: Rutgers University Press, 1996), pp. 207—219, 330—335 中被引用；重印于 Stachel, *Eistein from 'B' to 'Z'*, pp. 39—55。

100. *Einstein's Wife*, PBS DVD Video B8958, 封面上写着"爱因斯坦的秘密婚姻与科学合作的故事"。http://www.pbs.org/opb/einsteinswife/

101. 引自DVD的封面。网址上的声称较为谦虚:"有几位可信赖的科学家相信米列娃至少在1905年的几篇论文方面参与了合作。"

102. Einstein 致 Mileva Marić, *Love Letters*, 分别为1900年10月3日, p. 36, 和1901年12月28日, p. 73。

103. Einstein 致 Mileva Marić, 1902年2月17日?, *Love Letters*, p. 76。

104. 参见, 例如, *Love Letters*, pp.19—20。

105. 参见, 例如他1901年11月28日、12月12日和12月19日的信, *Love Letters*, pp. 68—71。

106. 参见"Einstein and Marić, "及 Stachel, *Einstein from 'B' to 'Z'* 中的"The Young Einstein: Poetry and Truth"和 "Einstein and Ether Drift Experiments"。

107. Highfield and Carter, *Private Lives of Einstein*, p. 40.

108. 这里使人们想起莎士比亚(Shakespeare)的《威尼斯商人》(*The Merchant of Venice*)中的美妙台词,其中鲍西娅(Portia)发现她爱上了巴萨诺(Bassano)时说:"一半是你的,另一半是你的——至于我自己的,我要说,但如果是我的,那就是你的,所以全是你的"(第3幕,第1场)。

109. 关于细节,可又参见 Stachel, *Einstein from 'B' to 'Z'* 中的"The Young Einstein: Poetry and Truth"和"Einstein and Ether Drift Experiments"。

110. Einstein 致 Mileva Marić, 1901年12月28日, *Love Letters*, pp. 72—73。

111. Whitrow, *Einstein, The Man and His Achievement*, p. 19.

112. 关于伯尔尼年代,参见 Max Flückiger, *Albert Einstein in Bern*(Bern: Paul Haupt, 1974)。

113. Einstein 致 Michele Besso, 1903年1月22日, "Einstein and Marić," p. 41。

114. Marić致 Helene Savić, 1903年3月20日, "Einstein and Marić," pp. 41—42。

115. Marić致 Helene Savić, 1909年9月3日, "Einstein and Marić," p. 42。

116. http://www.pbs.org/opb/einsteinswife/science/mquest.htm. 除非有其他的说明,所有下列引文的出处都是 PBS 网址 http://www.pbs.org/opb/einsteinswife/。

117. A. F. Joffe, "Pamyati Alberta Eynshtyna, " *Uspekhi fizicheskikh nauk* 57(1955). 我引用的是 *Eynshtyn i sovremmenaya fizika. Sbornik pamyati Eynshtyna*(Moscow: GTTI, 1956), pp. 20—26上重印的这篇文章;"Eynshtyn-Mariti"的出处是在第21页上。我感谢戈列利克(Gennady Gorelik)博士帮助我找到这个出处。

118. *Albert Einstein: The Incorrigible Plagiarist*(Downers Grove, Ill.: XTX Inc., 2002), p. 197.

119. 在一篇题为"Weil nicht sein kann, was nicht sein darf... 'DIE ELTERN' ODER 'DER VATER' DER RELATIVITÄTSTHEORIE"的文章中, 它起初发表在 Birgit Kanngiesser et al., eds., *Dokumentation des 18. Bundesweiten Kongresses von Frauen in Naturwissenschaft und Technik vom 28.—31. Mai 1992 in Bremen*(Bremen: n.p., n.d.), pp. 276—295, 自此以后, 重印于各种版本, 而第一部分可从 http://www.rli.at/Seiten/kooperat/maric1.htm 查到(为了查到第2和第3部分以及传记, 在网址中用2、3、和4分别取代数字1)。这是我引的版本。

120. Bjerknes, *Albert Einstein: The Incorrigible Plagiarist*, p. 197. 这段话在德文原著第

198页上，这是引自 Desanka Trbuhović-Gjurić, *Im Schatten Albert Einsteins /Das tragische Leben der Mileva Einstein-Marić*（Bern: Paul Haupt, 1983），它是塞尔维亚文原著的德文译本。

121. 同上书。

122. *Vstrechi s fizifami, moi vospominaniia o zarubezhnykh*［Meetings with Physicists, My Reminiscences of Physics Abroad］（Moscow: Gusudarstvennoye Izdatelstvo Fiziko-Matematitsheskoi Literatury, 1962）。

123. 参见 *Collected Papers* vol. 2, p. xxx。*

124. Christa Jungnickel and Russell McCormmach, *Intellectual Mastery of Nature*, vol. 2, *The Now Mighty Theoretical Physics, 1870—1925*（Chicago: University of Chicago Press, 1986），pp. 254—255, 309, and 248.

125. "Mileva Marić's Relativistic Role," letter in *Physics Today*（February 1991）: 122.

126. Seelig, *Albert Einstein/ Eine dokumentarische Biographie*, p. 29.带有相应段落的英文版直到1956年才出版；参见 Seelig, *Albert Einstein/A Documentary Biography*, p. 24。

127. 参见注122。我曾查过德文版，*Begegnungen mit Physikern*（Leipzig: B. G. Teubner, 1967）。

128. 同上书，pp. 88—89。

129. 参见 *Ehrenfest-Ioffe Nauchnaya perepiska, 1907—1933*（Leningrad: Nauka, 1973）。承蒙戈列利克博士告诉我在通信中没有提到马里奇。

（范岱年译）

---

* 原文如此，疑出处有误。——译者

英文版出版者前言

1905年，爱因斯坦作出了他对现代科学最重要的贡献中的5项，它们均于当年首先发表在很有声望的德文期刊《物理学杂志》上。近来，在《阿尔伯特·爱因斯坦文集》(*Collected Papers of Albert Einstein*)第二卷中，它们又重新用德文发表；该文集的各卷，在普林斯顿大学出版社和耶路撒冷希伯来大学赞助下，正由设在波士顿大学的"爱因斯坦文集计划"(Einstein Papers Project)陆续编辑出版。

《爱因斯坦奇迹年》(*Einstein's Miraculous Year*)全部选自这部文集的第二卷《瑞士年代——论著，1900—1909》，它们仍然是那些年代爱因斯坦全部论著的最确定和最权威的文本；我们鼓励学者们在寻求爱因斯坦著作的原始文本，详细讨论和注释它时参考该书。在本书中，我们汇集了爱因斯坦1905年的5篇主要论文，还以摘要的方式，刊载了讨论爱因斯坦对相对论、量子力学和统计力学的贡献的史学论文和评注，使它们适合于这一特殊版本。因此我们感谢第二卷的编者：施塔赫尔(John Stachel)，卡西迪(David C. Cassidy)，科克斯(A. J. Kox)，雷恩(Jürgen Renn)和舒尔曼(Robert Schulmann)，感谢他们的学术贡献。

这里发表的英译文全是新的。我们的意图是使爱因斯坦的科学论著准确地译成现代英语，但保留原文吸引人的、明晰的文字风格。我们深深感谢利普斯科姆(Trevor Lipscombe)、卡拉普赖斯(Alice Calaprice)、埃尔沃西(Sam Elworthy)和施塔赫尔提供了这些译文。

I

对于任何熟悉近代科学史的人,书名中"奇迹年"这一词语,立即会使之想起它的拉丁文表达"annus mirabilis",这一拉丁文词语长久以来都用来描述1666年,在这一年,牛顿为革新17世纪科学的物理学和数学的许多方面奠定了基础。把这同一词语用来描述1905年,看来也是完全合适的,在这一年,爱因斯坦不仅实现了牛顿的部分遗教,而且也为革新20世纪科学的突破奠定了基础。

但是,创造这个词语并不是指的牛顿。著名的复辟时期诗人德莱登(John Dryden)的题为《Annus Mirabilis——奇迹年,1666》的长诗,歌颂了英格兰舰队战胜了荷兰舰队,以及伦敦城市在一场大火中的幸存。在同一年,这一词语被用来赞颂牛顿的科学活动——在这一年,牛顿奠定了他的微积分版本、他的颜色理论和他的引力理论的基础。[1]下面是牛顿自己(在此后很久)对这一时期他的成就的总结:

> 在1665年初,我发现了近似级数方法和把任何二项式的任何高位[幂]化为这类级数的法则[即二项式定理]。同年5

月，我发现了切线方法……，又在11月，发现正流数法[即微分运算]，又在翌年1月，发现了颜色理论，在5月以后我进入了逆流数法[即积分运算]。同一年，我开始思考把引力扩展到月球轨道，并发现了如何估算一个球状物在一个球体中旋转时施加于球面的力[即离心力]的方法:从开普勒(Kepler)的行星周期时间同它们与轨道中心的距离的3/2次方成正比的法则[即开普勒第三定律]，我推算出保持行星在它们轨道上的力必定与它们旋转的轨道中心之间的距离平方成反比;因此,将保持月球在其轨道上所需的力与地球表面的重力作比较,并发现它们的答案十分近似。所有这些工作都是在1665年和1666年这两个瘟疫之年完成的。因为在那些日子,正是我发明、研究数学和哲学的全盛期,超过此后的任何时期。[2]

近来,*annus mirabilis*一词已被用来描写爱因斯坦在1905年所做的工作,人们试图在经典物理学的奠基人和他20世纪的继承人一生中的关键一年找出相似之处。[3]爱因斯坦在他的奇迹年完成了什么? 我们幸运地有他自己当时对1905年的几篇论文的总结。他写信给一位亲密的朋友谈到了头4篇论文:

> 我答应送你4篇论文……,第一篇我可以很快就寄给你,因为我就快收到重印本了。这篇论文讨论辐射和光能量的性质,是很具革命性的,正如你将看到的那样……第二篇论文则是从中性物质的稀溶液的扩散和黏性来测定原子的真实大小。第三篇论文根据热的分子动理论的假说,证明悬浮于液体中的大小数量级为1/1000毫米的物体,必定进行一种由热运动引起的可观测的随机运动;实际上,生理学家已经观测到无生命的小悬浮体的运动,他们称这种运动为"布朗分子运

动"。第四篇论文此刻还只是一个草稿,是关于动体电动力学
的,它应用了一种修正了的时空理论;此文的纯运动学部分肯
定会使你感兴趣。4

爱因斯坦用下述词句描述了第五篇论文:

> 我又想到关于电动力学的这篇论文的又一个推论。相对
> 性原理与麦克斯韦方程相结合,要求质量是物体所含能量的
> 直接量度;光携有它的质量。在镭的情况下,应该发生可觉察
> 的质量的减少。论证是有趣和诱人的;但就我所知的一切,上
> 帝可能会取笑它,并继续牵着我的鼻子四处转。5

相似之处很明显:两个人都是25岁左右;两个人最初都没有什么
天才迸放的前兆;而且,在短暂的时间之后,两个人都坚持新的路线,这
种路线最终使当代科学发生了革命性的变化。如果只在牛顿24岁时
的1666年,只在爱因斯坦26岁时的1905年,没有人会期望这些相似完
美无缺。

虽然不能否认这些相似之处,但从更深入的考察可以看到两个人
在他们**创造奇迹的一年**活动中以及他们的工作直接影响中的差别——
比年龄上的微小差别更重要得多——第一个明显的差别是他们的生活
处境不同。1900年爱因斯坦从瑞士的联邦工业大学毕业后为学术界所
排斥,到1905年他已是一个已婚的男子,一个一周岁男孩的勤勉的父
亲,不得不在瑞士专利局完成全日专职工作所要求的大量任务。牛顿
从未结婚(有人推测他至死仍是一个处男),1666年他刚获得大学学士
学位,仍然在做我们今天所称的研究生。确实,在瘟疫暴发之后,剑桥
大学的关闭甚至暂时免除了他的学术任务。

其次,我们要指出他们两人科学地位的差异。到1666年,牛顿没
有发表任何著作,而爱因斯坦[在1905年]已在有威望的《物理学杂志》

上发表了5篇值得尊重的(如果不是非凡的)论文。因此,如果1666年标志着牛顿的天才已经点燃,他已经开始了独立的研究的话,那末,1905年标志着爱因斯坦在他创造性的迸发中,在一系列划时代的工作中(这些工作全部发表在1905年或翌年的《物理学杂志》上),向全世界展示了他已经成熟的天才。牛顿1666年的工作无一付印,直到很久以后才印刷出版:"从1664年到1666年,他的天才之花的第一次迸发是非公开的,只用他自己的眼睛默默地观测到他**创造奇迹之年**"。[6]牛顿显然缺乏获得承认的需要——确实,他宣称不愿和别人共享他的思想,而他的主要著作必须由别人用尽方法从他手中拿走——其理由,长期以来就是心理学,甚至是心理病理学思辨的课题。

爱因斯坦的成就得到物理学界的充分承认花了几年时间(参见下面第84—85页)——对于一个迫切希望获得承认的青年人来说是一个令人烦恼的漫长时期。但这一过程在1905年几乎就立即开始了,到1909年爱因斯坦就受聘于苏黎世大学为他建立的理论物理学讲座,他被邀请去德语科学团体的年会上作讲演。

因此,如果1905年标志着爱因斯坦以物理学界主要人物身份出现的开始,在1666年以后相当久,牛顿仍然是自己造成的默默无闻。只有当1669年,在他朋友的敦促下,他才允许一份泄露他所创建的微积分的若干部分的数学手稿在有限制的范围内交流。"牛顿的不知名状况才开始消解。"[7]

两人之间另一个显著差别是他们的数学才能。牛顿从一开始就显示了他的数学创造性。"差不多有一年时间[1664年],在没有人指导的情况下,他掌握了17世纪有关分析数学的全部成就,并着手开辟新的领域……尽管他不知名,但不能改变这样的事实:这个尚不满24岁的年轻人,虽然没有正规的指导,却已成为欧洲的一流数学家。"[8]

因此牛顿能够创建发展他关于力学和引力的思想所必需的数学。

爱因斯坦尽管是一个有才能的学生和实践家,但在数学方面却从来未有真正的创造。爱因斯坦在谈到他的学生时代时说:

> 我在某种程度上忽视数学这一事实,其原因不仅在于我对自然科学的兴趣比对数学的兴趣更大,而且也由于下述特殊经验。我看到数学分为许多专业,每一专业都很容易消耗我们短暂的一生。因此,我认为自己就处在一只比里当(Buridan)的驴子的地位,不能决定吃哪一束具体的干草。可能这是因为我在数学领域内的直觉不够强;不能把根本上重要的、真正基础性的领域同其余那些多多少少可有可无的学识明确区分开来。还有,我对研究自然的兴趣无疑更为强烈;我作为一个青年学生不清楚要掌握物理学更基本原理的更深邃知识有赖于最复杂的数学方法。只是在几年独立的科学工作之后我才渐渐开始明白的。[9]

幸运的是,关于他1905年的工作,并不需要比他学校中所学的更多的数学。即使如此,给狭义相对论以它最合适的数学表述,仍有待于庞加莱、闵可夫斯基和索末菲(Arnold Sommerfeld)。

在他研究广义相对论的过程中,当对一种关键性的新数学的真正需要呈现出来时,爱因斯坦必须与由里奇–库尔巴斯特罗(Gregorio Ricci-Curbastro)和列维–奇维塔(Tullio Levi-Civita)一起创建,并由他的朋友和同事格罗斯曼(Marcel Grossmann)提供给他的张量运算打交道了。这种数学以黎曼几何为基础,而黎曼几何没有平行位移和仿射联络这些可以大大便利爱因斯坦工作的概念。但他不能填补这个数学空白,而这项任务是在广义相对论完成之后才由列维–奇维塔和外尔(Hermann Weyl)完成的。

现在回头来说牛顿:在某些方面,他很犹豫在1666年发表他的工作。"当1666年结束时,不论是在数学、力学和光学方面牛顿都没有掌握使他的名声不朽的成果。他在所有这三方面所做的工作都是打基础,有一些比别的一些更为广泛,在这些基础上他可以有信心地进行建设,但在1666年终,没有完成任何工作,大多数甚至尚未接近完成。"[10]

他关于流数法(他称为运算法)的工作,即使不完全,但值得出版,如果提供给当时的数学家,对他们本会有很大的用处。他在物理学方面工作的进展更差得多。他关于颜色理论的实验因学校的关门而中断,在他于1667年回到剑桥以后,他花了10年时间继续他的光学研究。然而,如果他是一个较外向的人,也许会在1666年发表他的颜色理论的初步报告。但就引力这个事例而言,在仔细研究了1666年牛顿对这项工作的有关证据之后,物理学家罗森菲尔德(Leon Rosenfeld)得出结论说:"每一个科学家都会明白,在这一阶段牛顿已为他自己揭示了激动人心的远景,但还没有适合发表的成果。"[11]也很清楚,在力学的思考方面,他尚未得到关于力的清晰概念——这是发展我们今天所说的牛顿力学的必不可少的前提。他曾给出"力的一个新定义,其中物体被当作施加于其上的外力的被动者,而不是施加于他物的力的主动的载体"。但是,"20多年耐心的(尽管是间断的)思考,终于从这最初的洞见引出了他的全部动力学"。[12]

总之,在牛顿的例子中,在1666年,我们看到的是一个学生,在他的闲暇中进行研究,他在数学方面已是一个成熟的天才,但他在物理方面的工作,尽管显示了天才,但仍在它的形成阶段。在爱因斯坦的例子中,在1905年我们看到的是一个养家糊口、从事着实际工作的人,被迫只能在繁忙的工作和生活的间隙从事物理学研究,但已是一位理论物理的大师,准备向世界展示他的大师风采。

II

牛顿的巨大遗产是他推进的当时所谓的机械论哲学,即后来所谓的力学世界观。在物理学中,它体现为所谓的有心力纲领:物质被假设为由称为"分子"的不同类粒子所组成。两个这样的分子相互施加各种力:引力、电力、磁力、毛细作用力等等。这些力——吸引的或排斥的——都假设为有心的,即在两个粒子联线的方向上起作用,并服从适当的定律(如引力和静电力的平方反比律),它依赖于两者之间的距离。所有物理现象都假定为可以根据应用在受这些有心力作用的分子上的牛顿运动三定律得到解释。

有心力纲领在19世纪中叶发生了动摇,当时为了解释运动荷电分子间的电磁相互作用,必须假设依赖于速度和加速度的力。但当法拉第和麦克斯韦的电磁场概念开始流行时,它受到了致命的打击。按照场的观点,两个荷电粒子并不直接相互作用;每个电荷在它周围的空间创造场,而正是这些场施加力于别的荷电粒子。起初,这些电场和磁场被设想为机械介质的状态,即电磁以太的状态;并假设这些状态最终可根据以太的力学模型得到解释。同时,麦克斯韦方程组对所有空间点的电场和磁场的可能状态以及它们如何随时间而变化给出了完备的描述。但在世纪之交,寻求以太的力学解释被基本上放弃了,而倾向于洛伦兹的观点,坦率地讲是一种二元论的观点,电场和磁场被认为是以太的基本状态,受麦克斯韦方程组支配,但不需要进一步的解释。荷电粒子(洛伦兹称它们为电子,别的人仍然称它们为分子或离子)服从牛顿力学关于在力的影响下的运动定律,这些力包括以太施加的电力和磁力;反过来荷电粒子由于它们存在于以太之中并在以太中运动,又产生了这些场。

我称洛伦兹的观点为二元论的,这是因为当应用于他的电子时他接受了力学世界观,而把以太以及它的电场和磁场看成是一种外加的、独立的实在要素,是力学所不能解释的。对那些受自然在本质上是统一的学说培养出来的人[这种统一的学说自洪堡(Alexander von Humboldt)的时代以来,在德国特别流行],这样一种二元论如果不是难以容忍,至少也是令人不快的。

确实,不久之前,维恩(Wilhelm Wien)和其他人提出了另一种可能性:或许电磁场是真正基本的实体,而物质的行为完全取决于它的电磁性。这种电磁世界观不是用以太的力学模型来解释它的电磁场的行为,反而希望用电磁场来解释物质的力学性质,甚至洛伦兹也对这种可能性动了心,虽然他从来未完全接受它。

力学世界观并未因麦克斯韦电动力学的出现而立即消失。在19世纪最后三分之一时期,力学纲领得到了一次新的惊人的胜利。应用统计方法于大的分子集合(阿伏伽德罗常量,1摩尔的物质,大约有6.3×10^{23}个分子,这里给出了大的量度),在此基础上,麦克斯韦和玻尔兹曼(Ludwig Boltzmann)成功地赋予热力学定律以力学基础,并开始建立了用气体、液体和固体的分子动理论来解释巨大物质聚集体的性质的研究纲领。

III

因此,爱因斯坦作为一个学生,必须既掌握传统的力学观点,特别是把它应用于物质的原子论图像,也要掌握麦克斯韦对电磁学的新的场论方法,特别是它的洛伦兹形式。他也面对着许多新的现象,诸如黑体辐射和光电效应,它们顽固地拒绝一切把它们纳入老的力学世界观或新的电磁世界观的尝试——或者两者的任何组合。从这种观点来看,他1905年的5篇划时代论文可以分为3个范畴。头两个范畴关系到主宰物理学到19世纪末的两种物理理论:经典力学和麦克斯韦电动力学的扩展与修正。

1. 他的论分子大小和布朗运动的两篇论文,本书的论文1和2,致力于扩展和完善经典力学方法,特别是它的分子动理论含义。

2. 他的论狭义相对论的两篇论文,论文3和4,致力于扩展和完善麦克斯韦理论,通过修正经典力学的基础来消除力学和电动力学之间的明显矛盾。

在这4篇论文中,爱因斯坦证明他自己是一位我们今天称之为经典物理学的大师,是从伽利略和牛顿开始到法拉第、麦克斯韦和玻尔兹曼为止的传统的继承者和接班人,他们仅是这一传统的最杰出的代表中的几个。当时这些论文在他同时代人看来具有革命性,如对发展狭义相对论所必需的时空和运动的本质的新见解,现在看来都堪称经典传统之顶峰。

3. 他关于光量子假说的工作,论文5,是他自己认为是唯一真正激进的一篇文章,在前面第2页引的第一封信中,他写道:这篇论文"讨论辐射和光能量的性质,是很具革命性的"。[13] 在这里他显示了经典力学和麦克斯韦电动力学两者解释电磁辐射的性质在能力上的局限性,引入了光有粒子结构的假说,以解释如光电效应这样一些新奇现象。它们是不能根据经典物理学来解释的,这时和以后,经典传统的大师爱因斯坦被证明是它最严厉的、贯穿始终的批评者,又是探索全部物理学新的统一基础的先驱。

IV

本书所发表的论文以上述三个范畴为顺序,大致就是以它们与经典物理学的距离为顺序;但这并不强制读者一定依这个顺序来阅读。也可以按发表的时间顺序,也可以直接跳到狭义相对论和量子论——或者仅仅按照个人的兴趣和爱好来翻阅这本书。

在本书中,读者可以找到关于这 5 篇文章的详细讨论,这是从《阿尔伯特·爱因斯坦文集》(*The Collected Papers of Albert Einstein*)的第二卷的主题导言中抽出的。这里我将对爱因斯坦从 1905 年以前到 1905 年在这三个范畴所做的工作作一概述。

1. 努力扩展和完善经典力学传统

近来发现的信件表明,在世纪之交,爱因斯坦已经关注经典物理学以外的问题。然而在 1905 年前,他发表的所有论文都只讨论牛顿力学框架中的课题,以及牛顿力学在物质的分子动理论中的应用。在发表于 1901 年和 1902 年的头两篇论文中,爱因斯坦试图仅仅根据一个简单的关于分子间有心力的本质以及它如何随分子的化学组成而变化的假说来解释发生在液体和溶液中的几种明显不同的现象。爱因斯坦希望他的工作可以有助于确定一个长期存在(但现已放弃)的关于分子力与引力有共同的基础的猜想——这表示他一开始就有强烈的雄心对物理学中表观上不同的现象从理论上统一起来的事业作出贡献。在 1901 年他写道:"许多现象,它们从直觉看来似乎是完全不同的,认识到它们之间的统一性是一种奇异的感触。"[14] 此后很久,回顾他的一生,他写道:"我的研究的真正目的总是理论物理体系的简化和统一。"[15]

如第 8 页上所提及,19 世纪物理学的另一个巨大计划是试图证明,经验上很好地证实了的热力学定律,可以根据物质的原子论模型从理论上作出解释。麦克斯韦和玻尔兹曼是这方面的先驱,而爱因斯坦自认为是他们的工作的继承者和完善者。

爱因斯坦在他头两篇论文中广泛地使用了热力学论证;确实,热力学在他的所有早期工作中起着重要作用。第二篇论文提出一个关于热现象的热力学方法和分子动理论之间的关系问题,他在下一篇文章中回答了这个问题。正是这头三篇发表于1902年和1904年间的文章,致力于讨论热力学的原子论基础。他的目的是要用有关一个力学系统的最少量的原子论假说来导出热力学的基本概念和原理。可能是因为他是从这样一些一般性假设导出热力学第二定律的,所以他把它看成是"力学世界观的必然结果"。[16] 他还推导出了一个热平衡系统能量的均方涨落方程。尽管它来源于力学,这个公式却只涉及热力学量,而爱因斯坦大胆地进一步把这个方程应用于一个明显的非力学系统:黑体辐射(他首次在正式发表的论文中提到它),即与物质处于热平衡的电磁辐射。他明确知道,黑体辐射是唯一一个这样的系统,在此系统中其能量涨落只有在可观测长度的尺度上在物理学上才有意义,而他的计算证明了与黑体辐射的已知性质相一致。这一计算表明,爱因斯坦在内心中已试图把黑体辐射当作一个力学系统来处理——这是他1905年的很具"革命性的"光量子假说的根据。

本书的第一篇论文是他的博士论文,爱因斯坦用基于经典流体力学和扩散理论的方法,表明对有溶解物质的和没有溶解物质的流体的黏性的测量可用来估算阿伏伽德罗常量(见第8页)和溶质分子的大小。论文2,所谓布朗运动的论文,也扩大了经典力学概念的应用范围。爱因斯坦指出,如果热的分子动理论是正确的,那末热力学定律不能普遍有效,因为当人们考察悬浮在液体中的足够大的在显微镜中可以观测的粒子运动时,涨落必然会引起对第二定律微小的但又可察觉的违反。的确,爱因斯坦指明,这种涨落解释了悬浮在液体中的微观粒子的著名的布朗运动。他把他的工作看成是建立热力学的有效范围,在这个极限范围之内,可以完全有信心地应用热力学。

2. 努力扩展和完善麦克斯韦电动力学并修正经典力学使之与它一致

在1905年前相当久,爱因斯坦显然已知道许多实验提示了力学的相对性原理——所有惯性参考系对描述任何力学现象等效——应当从力学现象扩展到光学和电磁现象。可是,这样一种扩展同他认为是当时流行的最好的电动力学理论,即洛伦兹的电子论相冲突,该理论给予一个惯性系,即对以太静止的参考系,以特优地位(见第7页)。

在本书论文3和4中,爱因斯坦通过批判分析物理学的运动学基础和时空理论(它们确是力学、电动力学和任何其他动力学理论的基础,尽管当时还不知道有其他的动力学理论),成功地解决了这一冲突。在深刻地研究远距离事件的同时性概念之后,爱因斯坦认识到可以使相对性原理与麦克斯韦方程组相容,如果人们放弃牛顿的绝对时间,而倾向于一种新的绝对:光速在一切惯性系统中相同。作为一个推论,不同惯性系时空坐标间的牛顿—伽利略变换定律必须被另一组变换(现在称之为洛伦兹变换)所取代。[17] 因为这些变换在本质上是运动学的,任何可接受的物理理论必须在这样的变换群下保持不变。麦克斯韦方程组在排除以太概念之后作适当的重新诠释可以满足这一要求;但牛顿运动方程需要进行修正。

爱因斯坦关于相对论的工作为表明他有能力在佯谬和矛盾当中前进提供了一个实例。他用一个理论——麦克斯韦电动力学——来寻求另一个理论——牛顿力学——的有效范围,尽管他已知道前一理论的有效范围是有限的(参见后面的第14—15页)。

爱因斯坦进路(Einstein's approach)的重大成就之一,他的同时代人感到难以理解的,就是相对论运动学并不依赖于促成它的系统表述的那些理论。他不仅为力学和电动力学,而且也为任何可能引进的新的物理概念(且不谈引力问题),表述了一个前后一贯的运动学基础。确实,差不多一个世纪物理学的发展并没有动摇这些运动学基础。用爱因斯坦后来使用的术语来说,他创建的是原理性理论,而不是构造性理论。[18] 当时他表达了这两个术语的区别。"(原理性)理论……不与这样的理论'体系'打交道,这种体系暗含着各个定律并且仅仅通过演绎推理就可以由这个体系推导出来,而只是与原理(类似热力学第二定律)打交道,这个原理允许把某些定律化为其他定律。"[19] 这类理论的一些原理(热力学是他的首要例子)是从大量经验数据得出的概括,它们总结并归纳,但无意作出说明。与此相对照,构造性理论,例如气体的分子动理论,的确有意根据某些臆想实体来说明某些现象,例如引入运动的原子正是为了提供这类说明。

人们知道,爱因斯坦区分原理性理论和构造性理论的重要要素也可以在庞加莱的著作中找到。两部不太知名的著作可能影响了爱因斯坦对原理在物理学中的作用的强调,这两部著作是维奥勒(Julius Violle)和克莱纳(Alfred Kleiner)的著作,人们知道他也读过这两部著作。

尽管相对论很有价值,可是,爱因斯坦感到它不能取代构造性理论:"一个物理理论,只有当它的结构是由基本的基础构成时,才能令人满意。相对论不能最终令人满意,正如在玻尔兹曼把熵解释为概率之前经典热力学不能令人满意一样。"[20]

3. 论证经典力学和麦克斯韦电磁学的有效性都是有限的,并试图理解这些理论不能说明的现象

爱因斯坦努力使经典力学和麦克斯韦电动力学趋向完美,使两个

理论彼此相容,这种努力在最广泛的意义上,仍可看成是经典物理学进路的推广。不管他在这些领域的贡献是多么富有独创性,他关于时空的结论对他的同时代人是多么具有革命性,他的工作对探索物理学的新领域是多么富有成果,他还是在致力于从19世纪末已很好地确立的概念结构得出根本性的结论。他在20世纪头10年的立场的独特之点是,他毫不动摇地坚信经典力学概念和麦克斯韦电动力学的概念——以及两者的任何纯粹的修正和补充——都不足以说明日益增多的一系列新发现的有关物质与辐射的行为和相互作用现象。他不断地提醒自己的同行,必须从根本上引进新概念用以解释物质和辐射两者的结构。他自己引进了某些新概念,特别是光量子假说,虽然他仍不能把它们整合成一个前后一贯的物理理论。

爱因斯坦第一篇关于量子假说的论文,即论文5,是他的风格的突出例子,这就是把批判旧概念同探索新概念相结合的风格。该文一开始就证明,能量均分定理[21]与麦克斯韦方程组一起,导致一个明确的有关黑体辐射谱的公式,现在称之为瑞利—金斯分布。这种分布,在低频时与经验上证实了的普朗克分布相符合,但不能在高频时相符合,因为它暗含着发散的总能量。(他立即又给出了类似的证明,仍然以能量均分定理为基础,证明经典力学不能说明以原子振子或离子振子点阵为模型的固体的热性质和光性质。)

爱因斯坦接着研究这种高频区域,在这里传统导出的分布最引人注目地与经验不符。在这一称为维恩极限的区域,他证明固定温度的单色辐射之熵对体积的依赖,正如由统计上独立的粒子组成普通气体之熵一样。总之,在维恩极限内的单色辐射在热力学上表现出来的行为仿佛它是统计上独立的能量子组成的。为了获得这一结果,爱因斯坦必须假设每一个量子的能量与它的频率成正比。在这一结果的鼓舞下,他迈出了最后一步,提出了他的"很具革命性的"假说,即物质和辐射只能通过交换这种能量子而相互作用。他表明这一假说能说明许多明显全异的现象,特别是光电效应;正是这项工作被1921年诺贝尔奖委员会引用为授奖的依据。

在1905年,爱因斯坦并未使用普朗克的整个分布律。第二年,他证明普朗克关于这一定律的推导暗中依赖于这样一个假设,即荷电振子能量只能是能量子的整数倍,因此这些振子只能用这些量子与辐射场交换能量。在1907年,爱因斯坦论证说,不荷电振子也应该类似地量子化,从而说明了杜隆—珀蒂定律何以对大多数固体在常温时适用,也说明了某些物质比热值反常地低。他把明显背离杜隆—珀蒂定律时的温度(见第132—133页)——现称为爱因斯坦温度——与原子振子的基本频率联系起来,从而与固体的光吸收谱联系起来。

尽管爱因斯坦相信有这种基本的不符,但他继续使用经典力学中仍然可依靠的方面,以令人惊异的技巧探索电磁辐射的结构。1909年他把他的布朗运动理论应用于浸在热辐射之中的双面镜上。他证明这镜子不可能无限期地实现这种布朗运动,如果辐射压在其表面上的涨落仅仅是由于麦克斯韦理论所预言的无规波的效应。只有存在一个对应于镜子上无规粒子冲击的压力涨落的附加项,才能保证镜子持续的布朗运动。爱因斯坦证明,波和粒子的能量涨落项两者都是普朗克黑体辐射分布律的结果。他认为这一结果是赋予光量子以物理实在性的最强论据。

爱因斯坦远远没有认为他关于量子假说的工作已构成一个关于辐射和物质的令人满意的理论。正如在第13页上所指出的,他强调说,一个物理理论只有"当它的结构是由**基本的**基础构成"时,才是令人满意的,他补充说,"对于电和力学过程,我们还远远没有令人满意的基本的基础。"[22] 爱因斯坦感到他没有成功地真正理解量子现象,因为(与他对确定统计涨落尺度的玻尔兹曼常量作了令人满意的诠释相对照)他还未能以"直观的方式"[23]对普朗克常量作出诠释。电荷的量子对理论来说也仍然是一个"陌生人"。[24]他深信一个令人满意的物质和辐射理论必须建构这些电和辐射的量子,而不仅仅是把它们当作公设。

相对论作为一个原理性的理论(见上),为寻求这样一个令人满意的理论提供了重要的指针。爱因斯坦预料"一个完整的世界观"的最终构造"是与相对性原理一致的"。[25]同时,相对论为建构这样一种世界观提供了线索。一个线索涉及电磁辐射的结构。这个理论不仅与辐射的发射说相容,因为它暗示光速对于它的光源总是相同的;而且理论也要求辐射在发射者和吸收者之间转移质量,从而支持了爱因斯坦的光量子假说,即辐射在某些情况下显示粒子结构。他强调,"在理论物理发展的下一阶段,将为我们送来一个光学理论,它可以被看成是光的波动说和发射说的一种融合。"[26]在寻求对量子现象的理解中,爱因斯坦认为可以作为可靠指针的其他原理是能量守恒原理和玻尔兹曼原理。

爱因斯坦预料,"导致[电荷的]基本量子的理论修正也同样会导致辐射的量子结构,把这作为一个推论。"[27]1909年,他首次尝试寻求一个场论,它既能说明物质(电子)的结构,也能说明辐射(光量子)的结构。在研究了麦克斯韦方程组的相对论性不变的、非线性推广之后,他写道:"我未能成功地……找到这样一个我可以认为它适合于建构电的基元量子和光量子的方程组。可是各种可能性看来并不太大,人们不必在害怕中从任务面前退却。"[28]这一尝试可以认为是其后几乎达40年之久对电磁、引力和物质的统一场的长期探索的先驱。

1907年,爱因斯坦试图把引力纳入相对论的尝试导致他认识一个新的形式原理,即等效原理,他把这原理解释为证明有必要推广相对性原理(他现在称之为**狭义**相对性原理),如果引力要包括在它的范围之中的话。他发现,当把引力效应考虑在内时,不可能再维持惯性参考系和洛伦兹变换在原来的相对论中的特优地位。他开始寻求比洛伦兹群更广泛的变换群,在这种变换群下,当把引力考虑在内时,物理定律保持不变。这一探索一直坚持到1915年末,达到了爱因斯坦称之为他的最大的科学成就:广义相对论的最高峰——但这是另一个故事,我在这儿就不能讲了。

我也不能更多地提到别的方面,在这些方面爱因斯坦关于狭义相对论和量子论的工作不仅激发并指导了20世纪物理世界图像的许多革命性变化,而且——通过它们对技术发展的影响——已经对我们的生活方式的同样的革命性变化作出了贡献。要提到一两个理论贡献进展,例如量子光学和量子场论,要提到改变我们世界的许多发明中的少数几个(不论是好是坏),例如微波激射器和激光、速调管和同步加速器——还有原子弹和氢弹,人们也不能不援引爱因斯坦奇迹年中留下的遗产。

编者注

1. 词语 *anni mirabiles*(奇迹的年代)曾被牛顿的传记作者 Richard Westfall 在 *Never at Rest/ A Biography of Issac Newton*(Cambridge, U.K.: Cambridge University Press, 1980;纸面本, 1983), p. 140上更精确地用来描述1664—1666年。关于牛顿生平一般可靠的传记资料可参考此书。

2. I. Bernard Cohen, *Introduction to Newton's 'Principia'*(Cambridge, Mass.: Harvard University Press, 1971), p. 291.

3. 例如参见 Albrecht Fölsing, *Albert Einstein/A Biography*, Ewald Osers 译(New York: Viking, 1997), p. 121:"在这以前和在这之后,从来没有一个人像爱因斯坦在创造奇迹的一年那样,在那么短的时间内对科学作出那么多的贡献。"有关爱因斯坦一般可靠的传记资料可参考此书,但对它的科学解释则应小心对待。关于爱因斯坦的科学工作的传记式介绍,见 Abraham Pais, *"Subtle is the Lord..."*: *The Science and the Life of Albert Einstein*(Oxford: Clarendon Press; New York: Oxford University Press, 1982)。

4. Einstein 致 Conrad Habicht, 1905年5月18日或25日, *The Collected Papers of Albert Einstein*(Princeton, N. J.: Princeton University Press, 1987—),此处引自 *Collected Papers*, vol. 5 (1993), doc. 27, p. 31。英译文引自 Anna Beck 译, *The Collected Papers of Albert Einstein: English Translation*(Princeton University Press, 1987—), vol. 5 (1995), p. 20;译文作了修正。

5. Einstein 致 Conrad Habicht, 1905年6月30日至9月22日, *Collected Papers*, vol. 5, doc.

28, p. 33; *English Translation*, p. 21, 译文作了修正。40年后，当第一颗原子弹爆炸有力地使质能等效性引起全世界的注意时，爱因斯坦可能会惊讶上帝跟他开了什么样的玩笑。

6. Westfall, *Never at Rest*, p. 140.

7. 同上书, p. 205。

8. 同上书, p. 100, 137。

9. Albert Einstein, *Autobiographical Notes*, Paul Arthur Schilpp ed. and trans. (LaSalle, Ill.: Open Court, 1979), p. 15.

10. Westfall, *Never at Rest*, p. 174.

11. "Newton and the Law of Gravitation," *Arch. Hist. Exact Sci.* 2 (1965): 365—386, 重印于 Robert S. Cohen and John J. Stachel, eds., *Selected Papers of Leon Rosenfeld* (Dordrecht/Boston: Reidel, 1979), p. 65。

12. 引自 Westfall, *Never at Rest*, p. 146。

13. Einstein 致 Conrad Habicht, 1905 年 5 月, *Collected Papers*, vol. 5, doc. 27, p. 31。

14. Einstein 致 Marcel Grossmann, 1901 年 4 月 14 日, *Collected Papers*, vol. 1, doc. 100, p. 290。

15. 引自 1932 年爱因斯坦对问卷的回答。参见 Helen Dukas and Banesh Hoffmann, *Albert Einstein: The Human Side* (Princeton, N. J.: Princeton University Press, 1979) 英译本 p. 11, 德文本, p. 122。

16. Einstein, "Kinetic Theory of Thermal Equilibrium and of the Second Law of Thermodynamics," *Collected Papers*, vol. 2, doc. 3, p. 72 (1902 年原文为 p. 432)。

17. 洛伦兹引入了这样一组变换，庞加莱如此称呼它们；但爱因斯坦给予它们的运动学解释是完全不同的。

18. 关于原理性理论和构造性理论的差异，见 Albert Einstein, "Time, Space and Gravitation," *The Times* (London), 1919 年 11 月 28 日, p. 13; 重印为 "What is the Theory of Relativity?" 载 *Ideas and Opinions* (New York: Crown, 1954), pp. 227—232。他后来回忆起这种理论的起源："渐渐地我对用建构的办法根据已知的事实发现真正的定律的可能性感到失望。我努力尝试得愈久，我愈加相信只有发现一个普遍形式的原理才能引导我们得到可靠的结果。我看到我面前的例子就是热力学。"(*Autobiographical Notes*, p. 48, 英译文, p. 49) 1905 年以后几年，爱因斯坦更情愿称"相对性原理"，而不愿称"相对论"。

19. Einstein, "Comments on the Note of Mr. Paul Ehrenfest: 'The Translatory Motion of Deformable Electrons and the Area Law'" ("评保罗·埃伦费斯特先生的短文：'可变形电子的平移运动和面积定律'"), 载 *Collected Papers*, vol. 2, doc. 44, p. 411 (1907 年原文为 p. 207)。

20. Einstein 致 Arnold Sommerfeld, 1908 年 1 月 14 日, *Collected Papers*, vol. 5, doc. 73, pp. 86—88。10 年后，爱因斯坦进一步阐述了这一思想："当我们说我们成功地理解了一组自然过程，我们总是意味着发现了一个构造性理论，它包含了所研究的过程。"(引自 "Time, Space and Gravitation")

21. 这是经典统计力学的一个结果，按照它，一个热平衡的力学系统的每一个自由度，平均接受系统总能量的同样份额。

22. Einstein 致 Arnold Sommerfeld, 1908 年 1 月 14 日, *Collected Papers*, vol. 5, doc. 73, p. 87。

23. 同上信。

24. 参见 Einstein，"On the Present Status of the Radiation Problem"（"论辐射问题的现状"），载 *Collected Papers*，vol. 2，doc. 56，p. 549（1909年原文为 p. 192）。

25. Einstein，"On the Inertia of Energy Required by the Relativity Principle"（"论相对性原理所要求的能量的惯性"），载 *Collected Papers*，vol. 2，doc. 45，pp. 414—415（1907年原文为 p. 372）。

26. Einstein，"On the Development of Our Views Concerning the Nature and Constitution of Radiation"（"论我们关于辐射的本性和结构的观点的发展"），载 *Collected Papers*，vol. 2，doc. 60，pp. 564—565（1909年原文为 pp. 482—483）。

27. Einstein，"On the Present Status of the Radiation Problem，" *Collected Papers*，vol. 2，doc. 56，pp. 549—550（1909年原文为 pp. 192—193）。

28. 同上文，p. 550（1909年原文为 p. 193）。这一场论方面的尝试似乎代表着爱因斯坦迈向场本体论的第一步。

第一篇

爱因斯坦论测定分子
大小的博士论文

苏黎世联邦工业大学(ETH)物理楼讲演厅,1905(蒙ETH特许)

　　爱因斯坦自从联邦工业大学(ETH)毕业后一年左右,于1901年向苏黎世大学递交了博士论文,但在1902年初又撤回了。三年后,在第二次成功的尝试中,他把经典的流体动力学技巧同扩散理论的技巧相结合,创造了一种测定分子大小和阿伏伽德罗常量的新方法,他把这种方法应用于糖分子的溶液。博士论文于1905年4月30日完成,7月20日递交给苏黎世大学。1905年8月19日,在论文被接受后不久,《物理学杂志》收到了一份稍有不同的用于发表的文本。

　　到1905年,已有几种测定分子大小的实验方法。虽然对物质的微观组成大小上限的估计已作了长期讨论,但第一个可靠的测定分子大小的方法是到19世纪下半叶才建立的,它以气体动理论为基础。各种现象,如金属中的接触电、光的色散和黑体辐射的研究都为解决分子大小问题提供了新的方法。在世纪之交,已有大多数方法给出的分子大小值和阿伏伽德罗常量的值彼此或多或少令人满意地相符。

　　虽然爱因斯坦声称,他的博士论文中的方法是首次用液体中的现象来测定分子大小,但液体的行为在以往的各种方法中也起了作用。例如液态和气态的密度之比较,是以气体动理论作为基础的洛施密特(Loschmidt)方法的重要部分。完全依赖于液体物理学的一种方法早在1816年就由杨(Thomas Young)创立了。杨对液体表面张力的研究导致对分子力程的估计,后来,有几种方法用毛细现象来测定分子大小。

　　还没有可与气体动理论相比较的液体动理论,单用液体的性质导出分子体积的方法没有给出很精确的结果,另一方面,爱因斯坦的方法给出了在精确度上可与气体动理论给出的结果相比较的结果。基于毛细现象的方法,预设了分子力的存在,爱因斯坦的中心假设是,利用经典流体动力学,可以有效地计算溶质分子(当作刚性球来处理)对稀溶液溶剂黏度的影响。

　　爱因斯坦的方法很适合于测定比溶剂分子大得多的溶质分子的大

小。1905年,萨瑟兰(William Sutherland)发表了一种测定大分子质量的新方法,与爱因斯坦的方法有一些重要的共同点。两种方法都利用了能斯特(Nernst)在范托夫(van't Hoff)关于溶液与气体的类比的基础上创建的扩散分子理论和斯托克斯(Stokes)的流体动力学摩擦定律。

萨瑟兰对大分子的质量感兴趣,是因为它们在有机物质如清蛋白的化学分析中起作用。在发展测定分子大小的新方法时,爱因斯坦还关心几个在不同普遍性层次上的其他问题。当时溶液理论中一个悬而未决的问题是:溶剂的分子是附着在溶质的分子上还是在离子上。爱因斯坦的博士论文对这个问题的解决有所贡献。他在1909年11月给佩兰(Jean Perrin)的一封信中回忆说:"当时我用溶液的黏度来测定溶解于水的糖分子的体积,因为这样我希望考虑到任何**附着的**水分子的体积。"他的博士论文所获得的结果表明这样一种附着的确发生。

爱因斯坦的关注之点从这个具体问题扩展到更普遍的问题:辐射理论的基础和原子的存在问题。他后来在同一封信中强调:"在我看来,精确测定分子大小具有至高无上的重要性,因为普朗克辐射公式通过这种测定来检验比通过对辐射的测定来检验有更大的精确性。"

在爱因斯坦努力寻找原子假说的进一步证据方面,博士论文也标志着第一次巨大的成功,这种努力在他解释布朗运动时达到了顶峰。到1905年末,他已经发表了测定分子大小的三种独立方法,在后几年,他又发现了几种。在所有这些方法中,他博士论文中的方法与他早期对液体中物理现象的研究关系极为密切。

爱因斯坦为获得一个博士学位的努力,体现了对他关于分子大小问题的工作进展的某些体制上的限制。他选择理论题目作为苏黎世大学的博士论文是十分不寻常的,这既因为它是理论的,又因为博士论文的题目按惯例是由指导教授指定的。到1900年,理论物理学在德语国家慢慢开始被承认为一门独立的学科,但它既未在联邦工业大学也未在苏黎世大学设立。联邦工业大学在它建立后不久,就开始聘请德国数理物理学家克劳修斯(Rudolf Clausius)任教。促使他10年后离去可能是由于官方对太理论性的方法不甚赞同,他们认为学校的主要任务是培养工程师和中学教师。

克劳修斯的继任者——这个职位空缺了几年——是韦伯(H. F. Weber),他从1875年到1912年去世一直担任数学和技术物理学讲座教授。在19世纪最后20年,他从事原创性研究,主要是在实验物理和电工领域,包括许多对爱因斯坦后来的研究也很重要的课题,诸如黑体辐射、比热在低温时的反常行为以及扩散理论;但他的主要兴趣从来不是理论物理学家的那些兴趣。世纪之交,苏黎世大学理论物理的情况好不了多少。瑞士其他四所主要大学要么有两个物理学正教授,要么是一个正教授,一个非终身的职位,而苏黎世大学只有一个物理学教席,由实验物理学家克莱纳主持。

因为在1909年前,联邦工业大学无权授予博士学位,有一个特殊安排允许联邦工业大学学生从苏黎世大学获得博士学位。联邦工业大学学生的大多数物理学博士论文都是在韦伯的指导下准备的,而克莱纳是第二审查人。如前所述,从1901年到1905年几乎所有联邦工业大学和苏黎世大学的物理学博士论文都是关于实验物理的题目,并且是由导师向学生建议的,或者至少与导师的研究兴趣密切关联。题目范围十分局限,通常不在实验物理研究的前沿。热和电的传导率、它们的测量仪器更是最为突出的课题。理论物理学的一般问题,诸如以太的性质或气体动理论,有时也可在受审论文中看到,但它们很难成为博士论文。

在1900—1901年冬季学期,爱因斯坦想在韦伯指导下做博士学位研究。题目可能与热电性有关,爱因斯坦对此领域感兴趣,也有几个韦伯的博士研究生在此领域中做实验研究。在与韦伯争吵之后,爱因斯坦转请克莱纳指导和评论他的工作。

虽然当时克莱纳的研究集中于测量仪器,但他确实对物理学基本问题感兴趣,爱因斯坦与他的讨论涵盖了广泛的课题范围。1901年11月,爱因斯坦在把第一篇博士论文送交该大学之前,先把它送给了克莱纳。这篇博士论文现已不再存在,关于它的内容的证据多少是有歧义的。1901年4月,爱因斯坦写道,他计划总结他关于分子力的工作,直到那时主要是关于液体的。在该年末,他未来的妻子马里奇说,他曾递交一篇有关气体中分子力的著作。爱因斯坦自己写道,它关系到"气体动理论中的一个课题"。有迹象表明,该论文可能讨论玻尔兹曼关于气体理论的工作,以及德鲁德关于金属的电子论的工作。

1902年2月,爱因斯坦撤回了那篇论文,可能是根据克莱纳的建议,以避免与玻尔兹曼发生争论。鉴于当时递交给苏黎世大学的物理学博士论文中,实验性质的占有主导地位,他的理论结果缺乏实验的确认可能对决定撤回这篇论文起了作用。在1903年1月,爱因斯坦仍表示对分子力有兴趣,但他写信给贝索(Michele Besso)说,他已经放弃获得一个博士学位的计划,认为这对他并没有多大帮助,而且"整个喜剧已使我厌烦"。

关于爱因斯坦何时开始他于1905年完成的博士论文,所知甚少。到1903年3月,1905年博士论文中的某些中心思想已在他的头脑中出现。克莱纳是系里他的博士论文的两个评阅人之一,在他的评审意见中承认,爱因斯坦自己选了题目,并指出:"完成的论证和计算是流体动力学中最困难的。"另一个评阅人,苏黎世大学的数学教授布克哈特(Heinrich Burkhardt)补充说:"探讨的方式证明基本掌握了有关的数学方法。"虽然布克哈特核对了爱因斯坦的计算,但忽略了计算中的一个严重错误,据说对爱因斯坦博士论文的唯一批评是太短了。爱因斯坦的传记作者泽利希报道说:"爱因斯坦后来笑着说,他的博士论文最初由克莱纳退还给他,评论意见是太短了。在他加了一个句子以后,论文即被接受,没有更多的批评意见了。"

与他当时的其他研究成果相比,他的测定分子大小的流体动力学方法是唯一适合于苏黎世经验倾向的学术环境的博士论文题目。与布朗运动研究相对照(对于该项研究,从观测获取资料所需的实验技术当时尚不存在),爱因斯坦的测定溶质分子大小的流体动力学方法使他能从标准数据表中的数据导出新的经验结果。

像洛施密特方法根据气体动理论一样,爱因斯坦的方法依赖于有两个未知数(阿伏伽德罗常量 N 和分子半径 P)的两个方程。爱因斯坦的第一个方程(见第47页的第4个方程)从有和没有悬浮分子的液体的黏性系数(分别为 k 和 k^*)的关系给出。

$$k^* = k(1+\varphi) \qquad\qquad (1)$$

其中 φ 是溶质分子所占体积的分数。这个方程又是从液体中能量耗散的研究中得到的。

爱因斯坦的另一个基本方程是从溶质的扩散系数 D 的表达式得到的。这个表达式是从关于半径为 P 的球在液体中运动的斯托克斯定律和关于渗透压的范托夫定律得出的:

$$D = \frac{RT}{6\pi k} \cdot \frac{1}{NP} \qquad\qquad (2)$$

这里 R 是气体常量,T 是绝对温度,而 N 是阿伏伽德罗常量。

方程(1)的推导是爱因斯坦论文中技巧上最复杂的部分,预设了流体的运动可以用不可压缩的均匀液体的驻流的流体动力学方程来描述,即使在有溶质分子存在的情况下也是如此;这些分子的惯性可以略而不计;它们并不影响彼此的运动;它们可以当作在流体中运动的但没有滑行的刚体球来处理,只受流体动力学的应力的影响。所需流体动力学的技巧是从基尔霍夫(Kirchhoff)的《数理物理学讲义》(*Volesungen über mathematische Physik*)第一卷《力学》(*Mechanik*, 1897)中导出的,爱因斯坦头一次读这本书是在他的学生时代。

方程(2)从流体的动力学平衡和热力学平衡的条件得出。它的推导需要确定加在单个分子上的力,它出现在斯托克斯定律中,带有明显由于渗透压而产生的力。处理这个问题的关键是引入虚拟的对抗力。爱因斯坦以前在证明热力学第二定律的普遍形式对扩散现象的适用性时以及在他的统计物理学的论文中,都曾引进这种虚拟力以抵消热力学的影响。

爱因斯坦对方程(2)的推导并未涉及他在论热力学的统计基础的工作中发展出来的理论工具;他为了他第一篇论布朗运动的论文,在运用这些方法的同时,保留了更精致的推导。方程(2)是1905年由萨瑟兰以多少更为普遍的形式独立地推导出来的。为了处理已有的经验数据,萨瑟兰必须允许扩散分子和溶液间的滑动摩擦系数是变化的。

爱因斯坦方法的基本要素——应用扩散理论和流体动力学技巧于涉及物质或电的原子结构的现象——可以追溯到他更早期的工作。爱因斯坦以前的工作已经触及液体物理学的许多方面,诸如拉普拉斯(Laplace)的毛细现象理论、范德瓦耳斯(Van der Waals)的液体理论和能斯特的扩散和电解传导理论,在其中都假定它们的分子结构起了作用。

在爱因斯坦的博士论文以前,应用流体动力学于涉及物质或电的原子结构的现象限于考察流体动力学摩擦对离子运动的影响。斯托克斯定律被应用于测定基本电荷的方法并在研究电解传导中起作用。爱因斯坦对电解传导的兴趣可能对发展他的博士论文的某些主要思想有决定性作用。这种兴趣可能已提示了对与水结合的分子集合体的研究,以及某些用于博士论文中的技巧。

1903年爱因斯坦和贝索讨论过离解理论,要求假设这种集合体。贝索称之为"离子水合物假说",声称这一假说解决了奥斯特瓦尔德(Ostwald)的稀释定律的困难。这一假设也为以流体动力学考虑为基础的简单计算溶液中离子的大小开辟了道路。1902年,萨瑟兰考虑了根据斯托克斯公式计算离子的大小,但因与实验数据不符而放弃了,萨瑟兰没有使用离子水合物假说,而该假说却可以通过允许离子大小随温度和浓度这样一些物理条件而变化从而避免与实验数据的此类不符。爱因斯坦在1903年3月想到用经典流体动力学测定离子大小的方法,当时他在一封给贝索的信中提出了正是萨瑟兰所放弃的那种计算:

> 你是否已根据离子是球形的,而关于黏性流体的流体动力学方程对它们这样的大小是适合的这种假说,计算了离子的绝对大小?用我们关于电子[电荷]绝对量值的知识,这确是一件简单的事。我本会自己做这件事,但缺乏参考材料和时间;你还可以引进扩散,以便得到关于溶液中中性盐分子的资料。

这段话是值得注意的,因为爱因斯坦测定分子大小的方法的关键要素:流体动力学理论和扩散理论都已提到,虽然所指流体动力学或许只包括斯托克斯定律。而非常类似于爱因斯坦对贝索的第一个建议的研究计划当时正由鲍斯菲尔德(William Robert Bousfield)在进行,爱因斯坦的博士论文可以看成是关于扩散和中性盐分子的第二个建议的详细阐述。因此,爱因斯坦一直在进行类似于能斯特的工作。能斯特首先发展了关于非电解质的较简单情形的扩散理论。研究糖溶液可以收集到广泛而又比较精确的关于黏性和扩散系数的数据,而回避离解问题和电相互作用问题。

用爱因斯坦的方法测定分子大小获得的**结果**不同于当时用其他方

法获得的结果,甚至当用兰多尔特(Landolt)和玻恩斯坦(Bornstein)的物理化学表中的新数据重新计算后,也是如此。在他论布朗运动的论文中,爱因斯坦要么引用他自己得到的阿伏伽德罗常量,要么引用更标准的阿伏伽德罗常量。只有一次,在1908年,他评论了此数测定的不确定性。到1909年,佩兰仔细测量了布朗运动,得到了新的阿伏伽德罗常量,明显不同于爱因斯坦用他的流体动力学方法得到的值,也不同于从普朗克辐射定律得到的值。对于爱因斯坦,鉴于他认为普朗克推导辐射定律有问题,这种不符就特别重要了。

1909年,爱因斯坦要佩兰注意到他测定溶质分子大小的流体动力学方法。他强调这个方法允许人们考虑到任何附着于溶质分子的水分子体积,并且建议把它应用到佩兰所研究的悬浮物。在下一年,邦塞兰(Jacques Bancelin)在佩兰实验室做了关于爱因斯坦的黏性系数公式的实验研究[上述方程(1)]。邦塞兰研究了用佩兰的分级离心法制备的均匀的、藤黄胶脂的水乳胶。邦塞兰确认,黏性的增加并不依赖于悬浮粒子的大小,而只依赖于它们所占总体积的分数。可是,他发现所增加的黏性值明显不同于爱因斯坦预测的。邦塞兰送了一份他的实验报告给爱因斯坦,显然引用了3.9作为方程(1)中φ的系数值,而不是预测的值1。

爱因斯坦试图找出他计算中的错误,但没有成功,在这之后于1911年1月,他写信给他的学生和合作者霍普夫(Ludwig Hopf):"我已核对了我以前的计算和论证,没有从中发现错误。如果您能仔细地重新核查我的研究,您在这件事上就帮了大忙,要么是研究工作中有错误,要么是佩兰的悬浮物质在悬浮状态的体积大于佩兰所认为的体积。"

霍普夫在速度分量的导数中发现了一个错误,它出现于爱因斯坦博士论文中压力分量的方程中(参见后面第39—40页)。在纠正这一错误之后,方程(1)中φ的系数成为2.5。

到1911年1月中旬,爱因斯坦通知邦塞兰和佩兰,霍普夫在他的计算中发现有错误。方程(1)中改正了的因子2.5和邦塞兰的实验值3.9之间仍不相符,使爱因斯坦怀疑也可能实验有错误。他问佩兰:"是否有可能,您的胶黏粒子,像胶体一样也处于一种膨胀状态? 这种3.9/2.5膨胀的影响对布朗运动来说应是颇小的,所以可能未受到您的注意。"

1911年1月21日,爱因斯坦把他的更正送出发表。在《物理学杂志》上,他发表了博士论文中某些方程的改正了的形式,并重新计算了阿伏伽德罗常量。他得到的值是1摩尔6.56×10^{23},这个值接近于从分子动理论和普朗克黑体辐射公式导出的那些数值。

邦塞兰继续他的实验,结果使实验与理论更接近相符。4个月以后,他发表了一篇关于他的黏性测量的论文给法兰西科学院,给出方程(1)中φ的系数为2.9。邦塞兰还通过把关于乳胶的结果外推到糖溶液,重新计算了阿伏伽德罗常量,得到的值是1摩尔7.0×10^{23}。

爱因斯坦的博士论文起初被他更引人注意的关于布朗运动的工作所掩盖,需要爱因斯坦主动来引起他的科学家同行对它的注意。但是它的结果的广泛应用最终使得这篇博士论文成了他的最频繁被人引用的论文之一。

分子大小的新测定

苏黎世大学哲学博士论文

气体动理论使测定分子实际大小的最早办法成为可能,可是液体中观测到的物理现象直到目前还没有用来确定分子的大小。其原因无疑在于迄今为止还有未能逾越的困难,这些困难妨碍了液体分子运动论朝向细节的发展。现在这篇论文中将说明:未离解的稀溶液中溶质的分子大小,可以从溶液和纯溶剂的内黏性,以及从溶质在溶剂里面的扩散率求出来,只要一个溶质分子的体积大于一个溶剂分子的体积就行了。这是有可能的,因为这样一个溶质分子的性状,就它在溶剂中的动性来说,以及就它对于溶剂的黏性的影响来说,都近似于一个悬浮在溶剂中的固体。于是,流体动力学方程可以用于分子贴邻的溶剂的运动,在这里,液体被认为是均匀的,从而不需要考虑它的分子结构。关于那些可以代表溶质分子的固体的形状,我们则选取球形的。

1. 悬浮在液体中的很小的球如何影响液体的运动

让我们取一具有黏性系数 k 的均匀的不可压缩液体作为我们讨论

的对象,它的速度分量u,v,w规定为坐标x,y,z和时间的函数。取一任意点x_0,y_0,z_0,我们设想函数u,v,w按照泰勒级数展开成$x-x_0,y-y_0,z-z_0$的函数,并且设想围绕这个点划出一个这样小的区域G,使这个展开式在这区域里只有一次项才是需要加以考虑的。容纳在G里面的液体的运动,因而可以用大家熟悉的方式看成是如下三种运动的叠加的结果:

1. 所有液体粒子不变更其相对位置的平行位移。

2. 不变更液体粒子相对位置的液体的转动。

3. 在三个相互垂直的方向(膨胀主轴)上的膨胀运动。

我们现在要设想区域G里的一个球形刚体,它的中心处在点x_0,y_0,z_0上,而它的大小比起区域G的大小来是非常之小。我们要进一步假定:所考察的这个运动是这样缓慢,以至球的动能以及液体的动能都可以略而不计。我们还要进一步假定:球的一个面元素的速度分量同贴邻的液体粒子的速度对应分量是一致的,也就是说,接触层(设想是连续的)无论在哪里都显示一个有限大小的黏性系数。

显然,这个球要是不改变附近粒子的运动,它就只分担1和2这两个部分运动,因为在这两部分运动中,液体都像刚体一样运动;因为我们已经忽略了惯性的作用。

但是球的存在的确会改变运动3,而我们下一个任务就是要研究球对于液体的这种运动的影响。我们要进一步把运动3参照于这样的一个坐标系,它的轴都是同膨胀主轴平行的,并且我们设

$$x - x_0 = \xi,$$
$$y - y_0 = \eta,$$
$$z - z_0 = \zeta,$$

那末,在球不存在的情况下,这运动可以用下列方程来表示:

$$\begin{cases} u_0 = A\xi, \\ v_0 = B\eta, \\ w_0 = C\zeta; \end{cases} \tag{1}$$

A, B, C 都是常数,由于液体的不可压缩性,它们必定满足条件

$$A + B + C = 0. \tag{2}$$

现在,如果在点 x_0, y_0, z_0 处有一个半径为 P 的刚性球,那末在球附近的液体运动就要改变。为了方便起见,在下面的讨论中我们说 P 是"有限"的;而对于那些不再受到球的可感觉影响的液体运动,我们说 ξ, η, ζ 的一切值是"无限大"的。

由于所讨论的液体运动的对称性,显然,伴随上述运动,球既不能有平移,也不能有转动,于是我们得到边界条件:

当 $\rho = P$ 时, $u = v = w = 0$,

此处我们设

$$\rho = \sqrt{\xi^2 + \eta^2 + \zeta^2} > 0.$$

这里 u, v, w 是现在所考虑的运动(为球所改变的)的速度分量。如果我们设

$$\begin{cases} u = A\xi + u_1, \\ v = B\eta + v_1, \\ w = C\zeta + w_1, \end{cases} \tag{3}$$

既然由方程(3)所规定的运动,在无限远的区域里必定要变换成方程(1)所规定的运动,那末,在无限远的区域里,速度 u_1, v_1, w_1 都必须等于零。

函数 u, v, w 必定满足那些考虑到黏性而忽略了惯性的流体动力学方程。因而,下列方程应该成立*

---

* G. Kirchhoff, *Vorlesungen über Mechanik*, 26. Vorl. (*Lectures on Mechanics*, Lecture 26).

$$
\begin{cases}
\dfrac{\delta p}{\delta \xi}=k\Delta u, \quad \dfrac{\delta p}{\delta \eta}=k\Delta v, \quad \dfrac{\delta p}{\delta \zeta}=\Delta \dot{w},^{1} \\[2mm]
\dfrac{\delta u}{\delta \xi}+\dfrac{\delta v}{\delta \eta}+\dfrac{\delta w}{\delta \zeta}=0,
\end{cases}
\tag{4}
$$

此处 Δ 代表算符

$$
\frac{\delta^{2}}{\delta \xi^{2}}+\frac{\delta^{2}}{\delta \eta^{2}}+\frac{\delta^{2}}{\delta \zeta^{2}}
$$

而 p 代表流体静压力。

既然方程（1）是方程（4）的解，而后者是线性的，那末根据（3），u_1, v_1, w_1 这些量也都必须满足方程（4）。我曾按照所引的基尔霍夫讲义第4节中提出的方法，* 确定了 u_1, v_1, w_1 和 p，并且求出

---

* "从方程（4），得知 $\Delta p=0$。如果 p 是按照这个条件来选取的，并确定一个满足以下方程的函数 V

$$
\Delta V = \frac{1}{k}p,
$$

如果人们设

$$
u = \frac{\delta V}{\delta \xi} + u', \ v = \frac{\delta V}{\delta \eta} + v', \ w = \frac{\delta V}{\delta \zeta} + w',
$$

并且选取 u', v', w'，使 $\Delta u'=0$, $\Delta v'=0$, $\Delta w'=0$，并使

$$
\frac{\delta u'}{\delta \xi}+\frac{\delta v'}{\delta \eta}+\frac{\delta w'}{\delta \zeta}=-\frac{1}{k}p,
$$

那末方程（4）就得到满足。"
现在如果人们设

$$
\frac{p}{k}=2c\frac{\delta^{2}\frac{1}{\rho}}{\delta \xi^{3}},^{2}
$$

并且符合于

$$
V = c\frac{\delta^{2}\rho}{\delta \xi^{3}} + b\frac{\delta^{2}\frac{1}{\rho}}{\delta \xi^{2}} + \frac{a}{2}(\xi 2 - \frac{\eta^{2}}{2} - \frac{\zeta^{2}}{2}),^{3}
$$

和

$$
u' = -2c\frac{\delta \frac{1}{\delta}}{\delta \xi}, \ v'=0, \ w'=0,^{4}
$$

那末，可以这样来确定 a,b,c 这些常数，使得 $\rho = P$ 时，$u = v = w = 0$。把三个相似的解叠加起来，人们就得到方程（5）和（5a）中所给出的解。

$$
\begin{cases}
p = -\dfrac{5}{3}kP^3\left\{A\dfrac{\delta^2\left[\dfrac{1}{\rho}\right]}{\delta\xi^2} + B\dfrac{\delta^2\left[\dfrac{1}{\rho}\right]}{\delta\eta^2} + C\dfrac{\delta^2\left[\dfrac{1}{\delta}\right]}{\delta\zeta^2}\right\} + \text{常量}, \\[4mm]
u = A\xi - \dfrac{5}{3}P^3 A\dfrac{\xi}{\rho^3} - \dfrac{\delta D}{\delta\xi}, \\[4mm]
v = B\eta - \dfrac{5}{3}P^3 B\dfrac{\eta}{\rho^3} - \dfrac{\delta D}{\delta\eta}, \\[4mm]
w = C\zeta - \dfrac{5}{3}P^3 C\dfrac{\zeta}{\rho^3} - \dfrac{\delta D}{\delta\zeta},
\end{cases}
\tag{5}[5]
$$

此处

$$
\begin{cases}
D = A\left\{\dfrac{5}{6}p^3\dfrac{\delta^2\rho}{\delta\xi^2} + \dfrac{1}{6}P^5\dfrac{\delta^2\left(\dfrac{1}{\rho}\right)}{\delta\xi^2}\right\} \\[5mm]
\quad + B\left\{\dfrac{5}{6}p^3\dfrac{\delta^2\rho}{\delta\eta^2} + \dfrac{1}{6}P^5\dfrac{\delta^2\left(\dfrac{1}{\rho}\right)}{\delta\eta^2}\right\} \\[5mm]
\quad + C\left\{\dfrac{5}{6}p^3\dfrac{\delta^2\rho}{\delta\zeta^2} + \dfrac{1}{6}P^5\dfrac{\delta^2\left(\dfrac{1}{\rho}\right)}{\delta\zeta^2}\right\}.
\end{cases}
\tag{5a}
$$

不难证明,方程(5)是方程(4)的解。由于

$$
\Delta\xi = 0, \quad \Delta\frac{1}{\rho} = 0, \quad \Delta\rho = \frac{2}{\rho},
$$

并且

$$
\Delta\left(\frac{\xi}{\rho^3}\right) = -\frac{\delta}{\delta\xi}\left\{\Delta\left(\frac{1}{\rho}\right)\right\} = 0,
$$

因此我们就得到

$$
k\Delta u = -k\frac{\delta}{\delta\xi}\{\Delta D\}
$$

$$
= -k\frac{\delta}{\delta\xi}\left\{\frac{5}{3}P^3 A\frac{\delta^2\frac{1}{\rho}}{\delta\xi^2} + \frac{5}{3}P^3 B\frac{\delta^2\frac{1}{\rho}}{\delta\eta^2} + \cdots\right\}.
$$

但是根据(5)的第一个方程,上面所求得的最后一个表示式就等同

于 $\dfrac{\delta n}{\delta \xi}$ 。[6] 以类似方式,我们能够证明(4)的第二个和第三个方程也都得

到满足。我们进一步得到

$$\frac{\delta u}{\delta \xi} + \frac{\delta v}{\delta \eta} + \frac{\delta w}{\delta \zeta} = (A+B+C)$$

$$+ \frac{5}{3}P^3 \left\{ A\frac{\delta^2\left(\frac{1}{\rho}\right)}{\delta \xi^2} + B\frac{\delta^2\left(\frac{1}{\rho}\right)}{\delta \eta^2} + C\frac{\delta^2\left(\frac{1}{\rho}\right)}{\delta \zeta^2} \right\} - \Delta D.$$

但是,根据方程(5a),既然

$$\Delta D = \frac{5}{3}AP^3 \left\{ A\frac{\delta^2\left(\frac{1}{\rho}\right)}{\delta \xi^2} + B\frac{\delta^2\left(\frac{1}{\rho}\right)}{\delta \eta^2} + C\frac{\delta^2\left(\frac{1}{\rho}\right)}{\delta \zeta^2} \right\},$$

就得知(4)的最后一个方程也是得到满足的。至于边界条件,只有当 ρ
是无限大时,我们关于 u,v,w 的方程才约化成方程(1)。把方程(5a)中
得出的 D 值代入(5)的第二个方程,我们就得到

$$u = A\xi - \frac{5}{2}\frac{P^3}{\rho^6}\xi\,(A\xi^2 + B\eta^2 + C\zeta^2)$$

$$+ \frac{5}{2}\frac{P^5}{\rho^7}\xi\,(A\xi^2 + B\eta^2 + C\zeta^2) - \frac{P^5}{\rho^5}A\xi.\,[7] \tag{6}$$

我们知道,当 $\rho = P$ 时,u 等于零。由于对称性,这关系对于 v 和 w 也成
立。我们现在已经证明了,方程(5)既满足方程(4),也满足这个问
题的边界条件。

也可以证明,方程(5)是方程(4)中符合这个问题的这些边界条件
的唯一解。这里只要把证明勾勒一下。假设在有限区域中液体的速度
分量 u,v,w 满足方程(4)。如果还存在方程(4)的另一个解 U,V,W,在
所考察的区域的边界上,$U=u,V=v,W=w$,那末 $(U-u,V-v,W-w)$ 应
是方程(4)的解,而且这些速度分量在这区域的边界上都等于零。因
此,对于容纳在所考察的区域中的这个液体,没有输入机械功。既然我
们不去考虑液体的动能,那末,在所考察的体积中转变成热的功同样也

等于零。因此,人们推知,如果这区域至少有一部分是用静止的壁围起来的,那末在这整个空间中,必定得到 $u=u_1, v=v_1, w=w_1$。[8]这个结果也能够穿过边界推广到所考察的区域是无限大的情况,就像上面所考察的情况那样。人们因而能够证明,上述所得的解是这个问题的唯一解。

我们现在要围着 x_0, y_0, z_0 这个点画一个半径为 R 的球,此处 R 比起 P 是无限大,于是我们要算出在这球里面的液体中(每单位时间)转变为热的能量。这个能量 W 就等于对这液体所做的机械功。如果人们把作用在半径为 R 的球面上的压力分量称为 X_n, Y_n, Z_n,那末我们有

$$W = \int (X_n u + Y_n v + Z_n w)\, ds ,$$

此处积分的范围是遍及这半径为 R 的球的整个球面。在这里,

$$X_n = -\left(X\xi \frac{\xi}{\rho} + X\eta \frac{\eta}{\rho} + X\zeta \frac{\zeta}{\rho} \right) , [9]$$

$$Y_n = -\left(Y\xi \frac{\xi}{\rho} + Y\eta \frac{\eta}{\rho} + Y\zeta \frac{\zeta}{\rho} \right) ,$$

$$Z_n = -\left(Z\xi \frac{\xi}{\rho} + Z\eta \frac{\eta}{\rho} + Z\zeta \frac{\zeta}{\rho} \right) ,$$

此处

$$X_\xi = p - 2k\frac{\delta u}{\delta \xi}, \quad Y_\zeta = Z_\eta = -k\left(\frac{\delta v}{\delta \zeta} + \frac{\delta w}{\delta \eta} \right) ,$$

$$Y_\eta = p - 2k\frac{\delta v}{\delta \eta}, \quad Z_\xi = X_\zeta = -k\left(\frac{\delta w}{\delta \xi} + \frac{\delta u}{\delta \zeta} \right) ,$$

$$Z_\zeta = p - 2k\frac{\delta w}{\delta \zeta}, \quad X_\eta = Y_\xi = -k\left(\frac{\delta u}{\delta \eta} + \frac{\delta v}{\delta \xi} \right) .$$

当我们注意到:对于 $\rho=R$,带有因子 P^5/ρ^5 的那些项相对于带有因子 P^3/ρ^3 的那些项来说都接近于零,关于 u, v, w 的表示式就得到简化。

我们必须设

$$\begin{cases} u = A\xi - \dfrac{5}{2}P^3\dfrac{\xi\ (A\xi^2 + B\eta^2 + C\zeta^2)}{\rho^5}, \\[2mm] v = B\eta - \dfrac{5}{2}P^3\dfrac{\eta\ (A\xi^2 + B\eta^2 + C\zeta^2)}{\rho^5}, \\[2mm] w = C\zeta - \dfrac{5}{2}P^3\dfrac{\zeta\ (A\xi^2 + B\eta^2 + C\zeta^2)}{\rho^5}. \end{cases} \qquad (6a)^{10}$$

对于 p，通过那些项类似的省略，我们从（5）中的第一个方程得到

$$p = -5kP^3\frac{A\xi^2 + B\eta^2 + C\zeta^2}{\rho^5} + 常量 .^{11}$$

我们现在得到

$$X_\xi = -2kA + 10kP^3\frac{A\xi^2}{\rho^5} - 25kP^3\frac{\xi^2(A\xi^2 + B\eta^2 + C\zeta^2)}{\rho^7},^{12}$$

$$X_\eta = +10kP^3\frac{A\xi\eta}{\rho^5} - 25kP^3\frac{\eta^2(A\xi^2 + B\eta^2 + C\zeta^2)}{\rho^7},^{13}$$

$$X_\zeta = +10kP^3\frac{A\xi\zeta}{\rho^5} + 25kP^3\frac{\zeta^2(A\xi^2 + B\eta^2 + C\zeta^2)}{\rho^7},$$

并且由此，

$$X_n = 2Ak\frac{\xi}{\rho} - 10AkP^3\frac{\xi}{\rho^4} + 25kP^3\frac{\xi\ (A\xi^2 + B\eta^2 + C\zeta^2)}{\rho^6}.^{14}$$

借助于 Y_n 和 Z_n 的表示式（通过循环代换而获得），略去含有比率 P/ρ 三次幂以上的一切项，我们就得到[15]

$$X_n u + Y_n v + Z_n w + \frac{2k}{\rho}(A^2\xi^2 + B^2\eta^2 + C^2\zeta^2)$$

$$-10k\frac{P^3}{\rho^4}(A^2\xi^2 + . + .) + 20k\frac{p^3}{\rho^6}(A\xi^2 + . + .)^2.$$

如果我们进行遍及整个球的积分，并且计及

$$\int ds = 4R^2\pi,$$

$$\int\xi^2 ds = \int\eta^2 ds = \int\zeta^2 ds = \frac{4}{3}\pi R^4,$$

$$\int\xi^4 ds = \int\eta^4 ds = \int\zeta^4 ds = \frac{4}{5}\pi R^6,$$

$$\int \eta^2 \zeta^2 ds = \int \zeta^2 \xi^2 ds = \int \xi^2 \eta^2 ds = \frac{4}{15} \pi R^6, [16]$$

$$\int (A\xi^2 + B\eta^2 + C\zeta^2)^2 ds = \frac{4}{15} \pi R^6 (A^2 + B^2 + C^2), [17]$$

那末,我们就得到 [18]

$$W = \frac{8}{3} \pi R^3 k\delta^2 - \frac{8}{3} \pi P^3 k\delta^2 = 2\delta^2 k(V - \Phi), \qquad (7)$$

此处我们设

$$\delta = A^2 + B^2 + C^2, [19]$$

$$\frac{4}{3} \pi R^3 = V$$

以及

$$\frac{4}{3} \pi P^3 = \Phi.$$

如果悬浮的球不存在($\Phi = 0$),那末,关于体积 V 中耗散了的能量,我们就会得到

$$W_0 = 2\delta^2 kV. \qquad (7a)$$

由于球的存在,所耗散的能量因而要减少 $2\delta^2 k\Phi$。值得注意的是,悬浮球对耗散的能量的影响正如同球的存在根本不改变球周围液体的运动。[20]

2. 关于有大量悬浮小球不规则分布着的液体的黏性系数的计算

在前面一节的讨论中,我们考察过区域 G 中悬浮有一个球的情况,球的大小的数量级如前所规定,比起这个区域来是非常小的;并且我们研究过这个球怎样影响液体的运动。现在我们要假定有无限多个球无规则地分布在区域 G 中,这些球都有同样的半径,而且实际上小到使所有这些球的总体积比起区域 G 来仍显得很小。设出现在单位体积中的

球的数目是 n，这个 n 在液体中在足够的准确度上看起来到处都是一样的。

我们现在要再一次从没有悬浮球的均匀液体的运动出发，并且再考察最一般的膨胀运动。如果没有球，通过坐标系的适当选取，我们可以用下列方程组来表示在区域 G 中一个任意选定的点 x, y, z 处的速度分量 u_0, v_0, w_0。

$$u_0 = Ax,$$

$$v_0 = By,$$

$$w_0 = Cz,$$

此处

$$A + B + C = 0.$$

现在有一个球悬浮在点 x_ν, y_ν, z_ν 处，它会以方程（6）所显示的方式影响这个运动。[21] 既然我们假定相邻的球之间的平均距离比起它们的半径来是非常之大，因而由所有这些球所产生的附加速度分量合起来同 u_0, v_0, w_0 相比是非常之小，我们考虑到悬浮球，并且略去更高阶项后，就得到这液体中的速度分量 u, v, w：

$$
\begin{cases}
u = Ax - \sum \begin{Bmatrix} \dfrac{5}{2}\dfrac{P^3}{\rho_\nu^2}\dfrac{\xi_\nu(A\xi_\nu^2 + B\eta_\nu^2 + C\zeta_\nu^2)}{\rho_\nu^3} \\[2ex] -\dfrac{5}{2}\dfrac{P^5}{\rho_\nu^4}\dfrac{\xi_\nu(A\xi_\nu^2 + B\eta_\nu^2 + C\zeta_\nu^2)}{\rho_\nu^3} + \dfrac{P^5}{\rho_\nu^4}\dfrac{A\xi_\nu}{\rho_\nu} \end{Bmatrix}, \\[6ex]
v = By - \sum \begin{Bmatrix} \dfrac{5}{2}\dfrac{P^3}{\rho_\nu^2}\dfrac{\eta_\nu(A\xi_\nu^2 + B\eta_\nu^2 + C\zeta_\nu^2)}{\rho_\nu^3} \\[2ex] -\dfrac{5}{2}\dfrac{P^5}{\rho_\nu^4}\dfrac{\eta_\nu(A\xi_\nu^2 + B\eta_\nu^2 + C\zeta_\nu^2)}{\rho_\nu^3} + \dfrac{P^5}{\rho_\nu^4}\dfrac{B\eta_\nu}{\rho_\nu} \end{Bmatrix}, \\[6ex]
w = Cz - \sum \begin{Bmatrix} \dfrac{5}{2}\dfrac{P^3}{\rho_\nu^2}\dfrac{\zeta_\nu(A\xi_\nu^2 + B\eta_\nu^2 + C\zeta_\nu^2)}{\rho_\nu^3} \\[2ex] -\dfrac{5}{2}\dfrac{P^5}{\rho_\nu^4}\dfrac{\zeta_\nu(A\xi_\nu^2 + B\eta_\nu^2 + C\zeta_\nu^2)}{\rho_\nu^3} + \dfrac{P^5}{\rho_\nu^4}\dfrac{C\zeta_\nu}{\rho_\nu} \end{Bmatrix},
\end{cases}
\tag{8}
$$

此处累加是遍及区域 G 中所有的球,并且我们设

$$\xi_\nu = x - x_\nu,$$
$$\eta_\nu = y - y_\nu, \quad \rho_\nu = \sqrt{\xi_\nu^2 + \eta_\nu^2 + \zeta_\nu^2}.$$
$$\zeta_\nu = z - z_\nu,$$

x_ν, y_ν, z_ν 是球心的坐标。进一步,我们从方程(7)和(7a)得到这样的结论:每个球的存在,造成了(直到更高阶的无限小量)每单位时间所产生的热量减少 $2\delta^2 k\Phi$;[22]而在区域 G 中,每单位体积转化成热的能量,具有的值是

$$W = 2\delta^2 k - 2n\delta^2 k\Phi,$$

或者

$$W = 2\delta^2 k(1-\varphi), \tag{7b}$$

此处 φ 表示这些球所占体积的比率。

方程(7b)给人的印象是,液体和悬浮球的不均匀混合物(今后简称为"混合物")的黏性系数小于液体的黏性系数 k。[23]但是事实并非如此,因为 A, B, C 并不是方程(8)所规定的液流的主膨胀数值;我们要把这混合物的主膨胀叫做 A^*, B^*, C^*。根据对称性,推知混合物的主膨胀方向是同主膨胀方向 A, B, C 平行的,因而也是同坐标轴平行的。如果我们把方程(8)写成形式:

$$u = Ax + \sum u_\nu,$$
$$v = By + \sum v_\nu,$$
$$w = Cz + \sum w_\nu,$$

那末,我们就得到:

$$A^* = \left(\frac{\delta u}{\delta x}\right)_{x=0} = A + \sum \left(\frac{\delta u_\nu}{\delta x}\right)_{x=0} = A - \sum \left(\frac{\delta u_\nu}{\delta x_\nu}\right).$$

如果我们在这个讨论中不去考虑单个球的贴邻,我们就能够略去 u, v, w

表示式的第二和第三项,而当 $x = y = z = 0$ 时,就得到:

$$\begin{cases} u_\nu = -\frac{5}{2}\frac{P^3}{r_\nu^2}\frac{x_\nu(Ax_\nu^2 + By_\nu^2 + Cz_\nu^2)}{r_\nu^3}, \\ v_\nu = -\frac{5}{2}\frac{P^3}{r_\nu^2}\frac{y_\nu(Ax_\nu^2 + By_\nu^2 + Cz_\nu^2)}{r_\nu^3}, \\ w_\nu = -\frac{5}{2}\frac{P^3}{r_\nu^2}\frac{x\ (Ax_\nu^2 + By_\nu^2 + Cz_\nu^2)}{r_\nu^3}, \end{cases} \quad (9)[24]$$

此处我们设

$$r_\nu = \sqrt{x_\nu^2 + y_\nu^2 + z_\nu^2} > 0.$$

我们把累加的范围扩展到一个具有很大半径 R 的球 K 的整个体积,这个球的中心是在坐标系的原点上。如果我们进一步假定这些**不规则地**分布的球现在是**均匀地**分布着,并且用积分来代替累加,那末我们就得到[25]

$$A^* = A - n\int_K \frac{\delta u_\nu}{\delta x_\nu}dx_\nu dy_\nu dz_\nu,$$

$$= A - n\int \frac{u_\nu x_\nu}{r_\nu}ds,$$

此处最后一个积分必须扩展到球 K 的整个表面。考虑到(9),我们求得

$$A^* = A - \frac{5}{2}\frac{P^3}{R^6}n\int x_0^2(Ax_0^2 + By_0^2 + Cz_0^2)ds,$$

$$= A - n\left(\frac{4}{3}P^3\pi\right)A = A(1-\varphi).$$

通过类比,

$$B^* = B(1-\varphi),$$

$$C^* = C(1-\varphi),$$

我们设

$$\delta^{*2} = A^{*2} + B^{*2} + C^{*2},[26]$$

那末,忽略更高阶的无限小量,

$$\delta^{*2} = \delta^2(1-2\varphi).$$

我们求出了每单位时间和单位体积产生的热[27]

$$W^* = 2\delta^2 k(1 - \varphi).$$

让我们把混合物的黏性系数叫做k^*,那末我们有

$$W^* = 2\delta^{*2}k^*.$$

从这最后三个方程,我们得到(略去更高阶的无限小量)

$$k^* = k(1 + \varphi).[28]$$

因此,我们得到了下列结果:

如果有一些很小的刚性球悬浮在液体中,那末,黏性系数要增加这样一个比率,它正好等于一个单位容积中悬浮球的总体积,只要这个总体积是很小的。[29]

3. 分子体积大于溶剂分子体积的被溶物质的体积

设有一种物质的稀溶液,这种物质在溶液中不离解。假设被溶物质的分子大于溶剂的分子;并且可以被设想为具有半径P的刚性球。于是我们可以应用第2节中所得到的结果。如果用k^*表示溶液的黏性系数,k是纯溶剂的黏性系数,那末我们有

$$\frac{k^*}{k} = 1 + \varphi ,$$

此处φ是每单位容积的溶液中所存在的[溶质]分子的总体积。[30]

我们要计算出关于1%糖的水溶液的φ。根据布克哈特的观测(兰多尔特和玻恩斯坦的《物理化学用表》),对于1%糖的水溶液,k^*/k=1.0245(在20℃时);因此,对于0.01克糖,φ=0.0245(近似地)。1克糖溶解在水里对于黏性系数的影响,因而同总体积为2.45厘米^{3}的许多刚性悬浮小球的影响一样。[31]这种考虑忽略了被溶解的糖产生的渗透压施加给溶剂的黏性的影响。

这里我们必须记得1克固态糖有体积0.61厘米³。如果把糖溶液看成是水和糖以溶解的形式形成的一种**混合物**，人们也会发现，存在于溶液中的糖的固有体积s也正是这个数值。也就是说，1%糖的水溶液在17.5℃时的比重（参照于同样温度的水）是1.00388。于是我们得到（略去水在4℃和在17.5℃时密度的差别）：

$$\frac{1}{1.00388} = 0.99 + 0.01s,$$

因此

$$s = 0.61.$$

因此，虽然糖溶液就它的密度来说，它的性状像水和固态糖的混合物，但是它对黏性的影响却比同样数量的糖的悬浮液所应当产生的影响大3倍。[32]在我看来，这一结果按照分子论简直是无法解释的，除非假定：出现在溶液中的糖分子限制了贴邻的水的动性，使得一定量的水依附在糖分子上，这一部分的水的体积大约是糖分子体积的3倍。[33]

因此，我们可以说：被溶解的糖分子（或者是糖分子以及依附其上的水两者一起）在流体动力学关系中的性状，好像是一个体积为2.45×342/N厘米³的球一样，此处342是糖的分子量，而N则是1个摩尔中实际分子的数目。[34]

4. 不离解的物质在溶液中的扩散

这里讨论第3节中考察过的这样一种溶液。如果有一个力K作用在这个分子上，我们设想这分子像一个半径为P的球，这个分子以速度ω运动着，而ω由P和溶剂的黏性系数k来决定。那就是说，下列方程成立：*

---

* G. Kirchhoff, *Vorlesungen über Mechanik*, 26. Vorl.(*Lectures on Mechanics*, Lecture 26), equation（22）.

$$\omega = \frac{K}{6\pi kP} . \tag{1}$$

我们要用这个关系来计算不离解溶液的扩散系数。如果 p 是被溶物质的渗透压,在这样一种稀溶液中,它被看成是唯一致动的力,那末,在 X 轴方向上作用在每单位体积溶液中被溶物质上的力 $=-\delta p/\delta x$。如果每单位体积[溶液]中有 ρ 克[被溶物质],而 m 是被溶物质的分子量,N 是 1 个摩尔中实际分子的数目,那末 $(\rho/m)\cdot N$ 是单位体积[溶液]中(实际的)[被溶物质]分子的数目,而作为浓度梯度的结果,作用在一个分子上的力该是

$$K = -\frac{m}{\rho N}\frac{\delta p}{\delta x} . \tag{2}$$

如果溶液是足够稀的,渗透压就由下列方程给出:

$$p = \frac{R}{m}\rho T , \tag{3}$$

此处 T 是绝对温度,而 $R = 8.31 \times 10^7$。由方程(1),(2)和(3),我们得到被溶物质的徙动速度

$$\omega = -\frac{RT}{6\pi k}\frac{1}{NP}\frac{1}{\rho}\frac{\delta\rho}{\delta x} . \tag{4}$$

最后,溶质在 X 轴方向上每单位时间穿过单位截面积的总量该是

$$\omega\rho = -\frac{RT}{6\pi k}\cdot\frac{1}{NP}\frac{\delta\rho}{\delta x} .$$

我们因而得到扩散系数 D:

$$D = \frac{RT}{6nk}\cdot\frac{1}{NP} .^{[35]}$$

因此,我们可以从溶剂的扩散系数和黏性系数来计算出 1 个摩尔中实际分子的数目 N 与分子的流体动力学有效半径 P 的乘积。

在这个推导中,渗透压是当作一种作用在单个分子上的力来处理的,它显然不符合分子动理论的看法;因为按照后者,在所讨论的情况下的渗透压必须被认为仅仅是一种表观力。但是这一困难可以消除,

只要我们考虑到,对应于溶液浓度梯度的(表观的)渗透力的(动态)平衡,是能够借助于一个数值相等而以相反方向作用在单个分子上的力来保持的;如用热力学方法就不难看出这一点。

对于作用在单位质量上的渗透力 $-\dfrac{1}{\rho}\dfrac{\delta p}{\delta x}$,可以用(作用在单个溶质分子上的)$-P_x$ 力来达到平衡,只要

$$-\frac{1}{\rho}\frac{\delta p}{\delta x} - P_x = 0.$$

因此,如果人们设想有两组相互抵消的力 P_x 和 $-P_x$ 作用在(每单位质量)溶质上,那末,$-P_x$ 同渗透压力建立平衡,而只剩下数值等于渗透压的力 P_x 作为运动的起因。这样就克服了上述的困难。*

5. 借助已经得到的关系来测定分子的大小

在第3节中我们求得

$$\frac{k^*}{k} = 1 + \varphi = 1 + n \cdot \frac{4}{3}\pi P^3, [36]$$

此处 n 是每单位体积溶质分子的数目,P 是分子的流体动力学有效半径。如果我们计及

$$\frac{n}{N} = \frac{\rho}{m},$$

此处 ρ 是每单位体积被溶物质的质量,而 m 是它的分子量,那末我们就得到

$$NP^3 = \frac{3}{4\pi}\frac{m}{\rho}\left(\frac{k^*}{k} - 1\right). [37]$$

另一方面,我们在第4节中求得

---

* 关于这一连串推理的详细叙述,请参阅《物理学杂志》(*Ann. d. Phys.*),17卷,1905年,第549页。[也参见本书,论文2,第62—63页]

$$NP = \frac{RT}{6\pi k}\frac{1}{D}.$$

这两个方程使我们能够分别计算出 P 和 N 的数值,其中 N 必定同溶剂的性质无关,也同溶质的性质以及温度都无关,只要我们的理论是符合事实的。

我们要对糖的水溶液进行计算。从上述糖溶液的黏性数据,推得在20℃有

$$NP^3 = 200.38$$

根据格雷厄姆(Graham)的实验[由斯特藩(Stefan)算出],如果以日作为时间单位,糖在水中的扩散系数在9.5℃时是0.384,水在9.5℃的黏度是0.0135。我们要把这些数据代入我们关于扩散系数的公式中,尽管这些数据是由10%的溶液得来的,因而不该指望我们的公式对于如此高的浓度会严格适用。我们得到

$$NP = 2.08 \cdot 10^{16}.$$

如果我们不考虑 P 在9.5℃和在20℃的差别,由所求得的 NP^3 和 NP 的值,就可推算出

$$P = 9.9 \cdot 10^{-8}\text{厘米},$$

$$N = 2.1 \cdot 10^{23}.$$

所求得的 N 的值,同由别种方法所得到的这个量的值,在数量级上是一致得令人满意的。[39]

(1905年4月30日,伯尔尼)

编者注

1. 本行最后一个方程右边少了一个因子 k;这个错误在 Albert Einstein, "Eine neue Bestimmung der Moleküldimensionen"("分子大小新测定法"), *Ann. d. Phys.* 19(1906), pp. 289—305 中改正,此后引用为 *Einstein 1906*。注意 $\frac{\delta}{\delta}$ 表示偏微分(现代表示为 $\frac{\partial}{\partial}$)。

2. 右边分母应为 $\delta\xi^2$;这一错误在上述同一文献中作了改正。

3. 右边第一项分母应为 $\delta\xi^2$；这一错误在上述同一文献中作了改正。爱因斯坦档案中此文的重印本有爱因斯坦亲笔写的旁注和行间注，第一个注指这个和下一个方程。项" $+g\frac{1}{\rho}$ "加在关于 V 的方程的右边，后来又划掉了。这些边注和行间注可能是爱因斯坦企图发现计算错误的不成功尝试的一部分；见下面的注13。

4. 如上述同一文献中改正的，关于 u' 的方程应是 $u' = -2c\dfrac{\delta\frac{1}{\rho}}{\delta\xi}$ 。在注3提到的重印本中，对 ξ 的一阶导数改为二阶导数，然后又改为一阶导数，在该页底部，写了如下的方程：

$$b = -1/12P^5a$$
$$c = -5/12P^3a$$
$$g = 2/3P^3a.$$

5. 花括号中最后一项的分子应为" $\delta^2(1/\rho)$ "，如上述同一文献中所改正的那样。

6. $\dfrac{\delta n}{\delta\xi}$ 应该是 $\dfrac{\delta\rho}{\delta\xi}$ ，如 Einstein, *Untersuchungen über die Theorie der 'Brownschen Bewegung'* (Reinhold Fürth 编，奥斯特瓦尔德的精密科学经典丛书，no. 199. 莱比锡：Akademische Verlagsgesellschaft，1922)所改正；此后引用为 *Einstein 1922*.

7. 如 *Einstein 1906* 所改正，第一个括号前面的因子应为

$$-5/2\frac{P^3}{\rho^5}.$$

8. 这个方程应是 $u = U$, $v = V$, $w = W$。

9. 如 *Einstein 1906* 所改正，$X\xi, X\eta, X\zeta$ 应为 X_ξ 等。

10. 在爱因斯坦的重印本中(见注3)，第一个方程右边加了 $+\dfrac{5}{6}P^3\dfrac{A\xi}{\rho^3}$ 项，在第2和第3方程的最后一项之后，加上了一系列点。这些行间注可能与注3中所指旁注中的计算有关。

11. 在爱因斯坦的重印本中(见注3)，这个方程的右边加了 $+5kP^3\dfrac{1}{\rho^3}$ 项，这个行间注可能与注3中所指旁注中的计算有关。

12. 在爱因斯坦的重印本中(见注3)，这个方程的右边加了 $-\dfrac{5}{3}kP^3A\left(\dfrac{1}{\rho^3} - 9\dfrac{\xi}{\rho^5}\right)$ 这一项。加这一项可能与注3中所指旁注中的计算有关。

13. 这个方程和随后的一个方程都是不正确的。除了小的错误外，它们包含一个计算错误影响到数值因子。在 *Einstein 1906* 中 X_ζ 的方程最后一项前的+25改变为-25。在爱因斯坦的重印本中(见注3)，这个方程右边的最后一项因子 ζ^2 改正为 $\xi\zeta$，而关于 X_η 的方程右边最后一项括号前的因子 η^2 改为 $\xi\eta$，这些方程中也包含了计算错误，该计算错误及它的某些推论已在"Berichtigung zu meiner Arbeit: 'Eine Neue Bestimmung der Moleküldimensionen'"("对我的论文：'分子大小新测定法'的更正")，*Collected Papers*, vol. 3, doc. 14, pp. 416—417 中改正。这些更正均已纳入 *Einstein 1922* 重印此文的文本之中。改正的方程是：

$$X_\eta = +5kP^3\frac{(A+B)\ \xi\eta}{\rho^5} - 25kP^3\frac{\xi\eta\ (A\xi^2 + B\eta^2 + C\zeta^2)}{\rho^7}$$
$$X_\zeta = +5kP^3\frac{(A+C)\ \xi\zeta}{\rho^5} - 25kP^3\frac{\xi\zeta\ (A\xi^2 + B\eta^2 + C\zeta^2)}{\rho^7}.$$

14. -10应改为-5，25改为20(见前注)。

15. 如 *Einstein 1922* 所改正的,第3个+号应改为=号。-10应改为-5,20改为15(见注13)。

16. 在爱因斯坦的重印本中(见注3),因子4/15改为8/15,然后又改为4/15。

17. 如爱因斯坦的重印本(见注3)中所改正的,4/15改为8/15。

18. 这个方程应为(见注13):

$$W = 8/3\pi R^3k\delta^2 + 4/3\pi P^3k\delta^2$$
$$= 2\delta^2k(V + \Phi/2).$$

19. δ 应为 δ^2,爱因斯坦的重印本(见注3)作了这个改正。

20. 从对方程(7)的改正得出,耗散的能量实际上增加了这个量的一半。在 *Einstein 1922* 中,只是部分改正了此文本中的陈述;数量是改正了,但仍然写为减少。本段最后一句,不再适合于改正后的计算,已从 *Einstein 1922* 中删去。

21. 点应为 x_ν, y_ν, z_ν,如 *Einstein 1906* 所改正。*

22. 单位时间产生的热实际上增加 $\delta^2k\Phi$。因此正确的方程是(见注13): $W = 2\delta^2k + n\delta^2k\Phi$ 和 $W = 2\delta^2k(1 + \Phi/2)$。

23. 这里的两个句子在 *Einstein 1922* 中有所修正:"为了从方程(7b)计算出所考察的液体和悬浮球的不均匀混合物(今后简称"混合物")的摩擦系数,我们必须进一步考虑到 A, B, C 并不是方程(8)所表示的液体运动的主膨胀数值;我们要把这混合物的主膨胀叫做 A^*, B^*, C^*。"

24. 在这个和后两个方程中,=以后的符号应为+;第三个方程的分子中,应以 z_ν 代替 x_ν; *Einstein 1906* 作了后一改正。

25. 第一个方程第二项前的因子是5/2(见同上文献)。在推导第二个方程时,爱因斯坦用了第39页下部和第40页上部的方程及 $A + B + C = 0$ 这一事实。

26. 在爱因斯坦的重印本(见注3)中,$= A^2 + B^2 + \delta^2(1 - 2\varphi)$ 加在这个方程右边,而然后又打上了叉。

27. 正确的方程(见注13)是: $W^* = 2\delta^2k(1 + \varphi/2)$。

28. 正确的方程(见注13)是: $k^* = k(1 + 2.5\varphi)$。

29. 比率实际上是悬浮球总体积的2.5倍(见注13)。

30. 正确的方程(见注13)是: $k^*/k = 1 + 2.5\varphi$。

31. 正确的值是0.98厘米³(见注13)。下面的句子在 *Einstein 1906* 中略去了。

32. 黏性实际上要大1.5倍(见注13)。

33. 束缚在糖分子上的水的体积实际上是糖分子体积的一半(见注13)。与水结合的分子集合体的存在当时有所争论。

34. 球的体积实际上是 $0.98 \cdot 342/N$ 厘米³(见注13)。

35. 如 *Einstein 1906* 所改正,第一个分母应该是 $6\pi k$。1905年,萨瑟兰用类似的论证独立地得到了这个方程。用这个公式来测定分子大小的想法可能早在1903年爱因斯坦就已经想到了。

36. 正确的方程是(见注13): $k^*/k = 1 + 2.5\varphi = 1 + 2.5n \cdot \frac{4}{3}\pi P^3$。

37. 正确的方程在右边有一个因子2/5(见注13)。

38. 关于实验数据,参见第44页。正确的值是80(参见注13)。

39. 用正确的方程得到的值(参见 *Einstein 1922*)是 $P = 6.2 \times 10^{-8}$ 厘米;和 $N = 3.3 \times 10^{23}$(每摩尔)。

---

* 原文如此。但此处 x_ν, y_ν, z_ν 似系 $\xi_\nu, \eta_\nu, \zeta_\nu$ 之误。——译者

第二篇

爱因斯坦论布朗运动

作为联邦工业大学一名学生或在此后不久的爱因斯坦

（蒙耶路撒冷希伯来大学特许）

爱因斯坦对布朗运动的研究是热的分子动理论研究的悠久传统和他对本领域的贡献的一个高峰。他的工作的某些结果对20世纪物理学的发展具有巨大意义。爱因斯坦对支配布朗运动的定律的推导,和它们随后被佩兰等人的实验所证实,对于承认当时仍被许多人怀疑的原子的物理实在性有巨大贡献。他关于布朗运动的论文有助于把涨落现象的研究建立为一个新的物理学分支。他在他的研究过程中创立的方法为以后由齐拉(Szilard)等人发展的统计热力学,以及随机过程的普遍理论开辟了道路。

至少自19世纪中叶以来,日益增多的物理学家和化学家接受了原子假说。假设物质由原子和分子所组成提示了物理和化学现象间的许多关系,这些关系从纯宏观的观点看来是出乎意料的。各种测定分子大小的方法得出的值时常惊人地相符得很好。然而,到19世纪末,原子的物理实在性仍未被普遍接受。对原子假说仍然有若干激烈的反对者,诸如奥斯特瓦尔德和赫尔姆(Georg Helm),他们自称为"唯能论者",表示他们认为能的概念是科学的最基本的本体论概念。其他人,诸如马赫(Ernst Mach),对感觉经验不能直接接近的东西——特别是原子——的存在持敌对观点,但承认原子论可能有启发和教学的功能。甚至在工作中明确使用原子假说的科学家之中,把原子论仅看成是一种工作假说的人也很常见。

虽然在19与20世纪之交,原子假说在金属的电子理论和立体化学这些新研究领域中证明了它的启发价值;但却有一些物理学家认为在热学领域,原子假说已经不再会有多少成果。爱因斯坦很可能在学生时代当他读马赫、奥斯特瓦尔德和玻尔兹曼的著作时就知道了关于热的分子论的争论。在1900年,爱因斯坦读完了玻尔兹曼的《气体理论》(*Gastheorie*, 1896, 1898),其中玻尔兹曼,可能是对他与奥斯特瓦尔德和赫尔姆的争论的反应,说他在支持分子动理论方面是孤立的。虽然爱因斯坦批评玻尔兹曼不够重视对他的理论与观测作比较,但他还是坚定地相信玻尔兹曼理论的原理的。

爱因斯坦在他最早发表的独立研究的尝试性成果中,认为物质的和电的原子结构是理所当然的。他发展了分子力理论,据此他在可观察现象间建立了许多联系。如他后来对自己在这一阶段的工作所述,爱因斯坦的兴趣很快从分子力的细节转向探索这一事实:"是什么最大限度地保证了具有确定的有限大小的原子的存在。"[1]

在1828年植物学家布朗(Robert Brown)发表他的仔细观测以前很久,悬浮在液体中的微粒的**不规则**运动就已被注意到了,但布朗是第一个强调它的遍在性,并否定了把它解释为生命现象。到19世纪末,观测技术和理论的进展消除了许多有关布朗运动的不能令人满意的解释,但仍未能证实正确的解释。在排除了涉及毛细作用、运流电流、蒸发、与光的相互作用和电力的生命活力的解释后,提出了有关布朗运动的解释。在19世纪70年代,有若干学者提出把热的分子动理论作为一种解释。细胞学家内格利(Karl von Nägeli)在1879年提出强有力的论据反对这一解释。他首先用能量均分定理计算了液体分子的平均速度,然后用弹性碰撞理论得到了悬浮粒子的速度。他得出结论说,这样一种粒子,由于它的质量较大,其速度应小到接近于零。拉姆齐(William Ramsay)和古伊(Louis-Georges Gouy)分别独立地试图为布朗运动的分子假说辩护,提出了液体中存在大量原子的集体运动的假设,这个假设适合于反驳内格利等人的论据。

在1900年,埃克斯纳(Felix Exner)研究了把热的分子动理论应用于布朗运动的一种完全不同的方法,他假设了液体分子和悬浮粒子间能量的均分。他根据观测(他解释为给出了悬浮粒子的平均速度)计算了分子的速度,得到的结果不符合当时对分子速度的估计。在埃克斯纳的工作中,溶质粒子和悬浮粒子之间没有基本的区别。爱因斯坦得出了类似的结论,但他不强调能量均分定理,而代之以渗透压以及它与扩散理论以及热的分子动理论的关系作为他分析布朗运动的出发点。他在论文中写了如下的话:"按照这一理论,一个被溶解的分子只在大小上不同于悬浮体,而难以理解的是,为什么悬浮体竟然不能像同等数量的被溶解分子那样产生同样的渗透压。"(见第63页)

另一方面,爱因斯坦指出,按照"经典热力学理论",悬浮粒子——作为宏观客体——不应当在半渗透壁上施加渗透压。在爱因斯坦之前,似乎还没有人认识到这一对照提供了分子动理论的试金石。他选择悬浮液来研究热力学理论和热的原子论的关系等于是观点的根本逆转。通常对热力学结果的微观解释的合理性是有争论的。可是,在这个案例中,问题集中于一个热力学概念——渗透压——对悬浮粒子的适用性。

在研究胶体溶液的过程中,19世纪化学通常所作的悬浮液和溶液的区分已失去它的绝对性。在1902年,当用新发明的超显微镜作出的观测使得它有可能把许多胶体溶液分解为它们的组分时,溶液和悬浮液之间不存在任何基本差别这一点已十分清楚了。超显微镜不仅演示了胶体粒子的物理实在性,而且表明了不规则运动是它们的突出特征之一。

虽然超显微镜使人们更接近于佩兰所说的分子的"遥远实在",但它们的基本性质之一(它们的速度)仍不可能测量。由推测的速度测量(例如埃克斯纳的测量)所引起的不一致性暗示了这一问题;但是直到1905年至1907年间爱因斯坦和斯莫卢霍夫斯基独立发表的文章才首次在布朗运动理论的研究中明确讨论了这个问题。两人都引入了悬浮粒子的均方位移作为布朗运动的首要的可观测量。爱因斯坦论证说,耗散力在如此短的时间尺度内改变了一个悬浮粒子速度的方向和大小，以至使它无法测量。这一论证显示了耗散在爱因斯坦对布朗运动的分析中的基本作用。

总之，对布朗运动以前的解释的研究表明，爱因斯坦进路的三个要素是他取得决定性进展的特征：(1)他以渗透压为基础，而不是以能量均分定理为基础进行分析；(2)他认定悬浮粒子的均方位移而不是它们的速度是适当的可观测量；(3)他同时把热的分子论和耗散的宏观理论应用于同一现象，而不是把这些概念工具的每一个限于单独一个的尺度：分子的尺度或宏观的尺度。

在关于布朗运动的论文(论文2)中，爱因斯坦证明"根据热的分子论的假设，在液体中悬浮的1/1000毫米数量级的物体，必定已经进行着可观测的无规运动，它是由热运动引起的"，这是他在1905年暮春写给康拉德·哈比希特(Conrad Habicht)的信中所说的。爱因斯坦写出这篇论文时"并不知道关于布朗运动的观测很久以来已是常见的事了"。[2]他没有提到布朗运动的名称，虽然他猜测自己所预测的运动可能就是布朗运动。玻尔兹曼的《气体理论》，爱因斯坦在他学生时代就仔细地读过，该书明确否认从气体中分子的热运动能导致悬浮体的可观测运动。(这一否认可能是爱因斯坦认为玻尔兹曼太不重视理论与观测的比较之一实例。)在1902年至1905年的某些时候，爱因斯坦读了庞加莱的《科学与假设》(Science et hypothèse)，其中包含对古伊关于布朗运动的工作的简要讨论，强调了古伊的论证，即认为布朗运动违反了热力学第二定律。爱因斯坦的第二篇关于布朗运动的论文[3]，写在西登托普夫(Siedentopf)要他注意古伊的工作之后，引用了古伊的观察作为他的结论的定性确认。

论文2从推导用悬浮粒子半径、液体的黏度和温度来表示扩散系数的表达式开始，这个表达式在爱因斯坦的博士论文中已经得到。可

是,与以前的推导不同,新推导法利用了爱因斯坦发展的统计物理方法。新方法在两个方面是不同的:

1. 在他的博士论文中,主要讨论的是溶液而不是悬浮液,爱因斯坦径直假定范托夫的渗透压定律的有效性。他现在从统计力学得出的悬浮液自由能的表达式推导了这一定律。

2. 爱因斯坦不是径直考虑作用在单个分子上的力的平衡,而是通过热力学论证导出渗透压同满足斯托克斯定律的摩擦力之间的平衡。

随后扩散方程的推导是以引入一个关于位移的概率分布为基础的。引入这样一个分布可能与爱因斯坦以前使用过概率分布有关。爱因斯坦假定存在一个时间间隔,该间隔相对于观测时间是短暂的,而又足够长,从而两个相继时间间隔内悬浮粒子的运动可以处理为彼此独立的,这样,悬浮粒子的位移可以用一个概率分布来描述,这种分布决定了在每一时间间隔内位移某一距离的粒子数目。爱因斯坦从位移的概率分布算出粒子分布,通过粒子分布对时间的依赖性的分析导出扩散方程。这一推导是以他对布朗运动的作用的重要洞察为基础的,即把布朗运动看成是造成宏观尺度的扩散的原因的微观过程。与这种推导相比,一种根据与气体动理论中扩散的处理相类比的推导,可能对爱因斯坦来说更成问题,因为还没有充分成熟的液体动理论。

最后从求得的扩散方程的解,结合他关于扩散系数的表达式,得到一个作为时间函数的均方位移 λ_x 的表达式,爱因斯坦提示,可以用这一表达式从实验上来测定阿伏伽德罗常量 N:

$$\lambda_x = \sqrt{t} \sqrt{\frac{RT}{N} \frac{1}{3\pi kP}} , \tag{1}$$

其中 t 是时间,R 是气体常量,T 是温度,k 是黏度,而 P 是悬浮粒子的半径。

通过他早期的工作,爱因斯坦熟悉气体和液体的扩散理论,以及分析布朗运动所需的其他技巧。在1902年,他建议用外保守力来取代热力学论证中的半渗透壁,他说这一方法对处理任意的混合物特别有用。1903年,爱因斯坦在与贝索的通信中讨论了半渗透膜和渗透压概念,表示对萨瑟兰的有关半渗透膜机制的假说感兴趣。在他论统计物理学的论文中,爱因斯坦推广了外保守力的概念,指出涨落在统计物理学中的重要作用。1904年,他导出了对于一个系统的能量平均值的均方偏差之表达式。

到爱因斯坦发表第一篇论布朗运动的论文时,若干新的从实验上研究布朗运动的完善技术,特别是超显微镜和制备胶体溶液的新方法都已可供应用。西登托普夫和席格蒙迪(Zsigmondy)作为首批使用超显微镜的人,观测到了胶体溶液中的布朗运动,但未作精确的测量。《超显微镜和超显微物》(*Les ultramicroscopes et les objets ultramicroscopiques*)是一本由戈登(Aimé Cotton)和穆通(Henri Mouton)合写的关于超显微镜及其应用的书,于1906年出版,有助于激发人们对布朗运动的兴趣,也有助于使该领域的研究者注意到爱因斯坦的理论。利用超显微镜和精致的观测技巧,斯韦德贝里(Svedberg)为了检验布朗运动是由分子的热运动所引起的解释,对布朗运动作了仔细的测量。斯韦德贝里在1906年报道了他检验爱因斯坦理论的尝试,与爱因斯坦就布朗运动这一课题进行通信,并寄给爱因斯坦一篇他的论文。

斯韦德贝里追随席格蒙迪,为胶体粒子假设了两类运动,一类是平移运动,一类是"真正的布朗运动"。斯韦德贝里集中注意后一类运动,并通过叠加一个平移运动试图使测量更为方便。他描述得到的轨迹是"类正弦的"。但警告要小心,别得出结论说运动有振荡的特性。[4]可是在分析他的结果时,斯韦德贝里引入了一个适用于描述简单振荡运动的术语,把观测到的振幅同爱因斯坦的均方根位移联系起来。在此之前,他曾试图根据观测到的胶体粒子速度来估算分子速度。在另一篇文章中,主要是为了纠正斯韦德贝里工作中的基本误解,爱因斯坦指明,由能量均分定理算出的超显微粒子的速度不可能被直接观测到。[5]1909年11月11日,爱因斯坦写信给佩兰:"我立即就明白了斯韦德贝里的观测方法以及他的理论处理中的错误。当时我只作了一些小的改正,只针对一些最严重的错误,因为我不能伤害斯先生在自己工作中所获得的巨大快乐。"

除了斯韦德贝里实验工作的基本概念上的错误,他的数值结果与爱因斯坦的预测也稍有不符。有关爱因斯坦和斯莫卢霍夫斯基理论的其他早期实验工作,诸如埃伦哈夫特(Felix Ehrenhaft)对悬浮微粒位移的观测、亨利(Victor Henri)对悬浮粒子位移的电影摄影测量,或者塞迪希(Max Seddig)关于布朗运动对温度的依赖性的研究,都对此理论提供了定性的确认。但亨利和塞迪希的工作不能达到定量上的一致。结果是,布朗运动的分子动理论解释,在1908年仍未被普遍接受为现象的唯一解释。

爱因斯坦注意到,要从塞迪希和亨利的摄影记录得到满意的结果的主要困难是对温度的控制。在佩兰发表他对现象的精密实验研究之前,爱因斯坦曾对获得布朗运动的精确测量之可能性表示怀疑。1908年7月30日,在给劳布(Jakob Laub)的一封信中,爱因斯坦颇为热情地评论了塞迪希的工作,尽管它有缺点。"我读了塞迪希的论文,他做得很好。但我对他的结果的描述仍不太清楚。"爱因斯坦在翌年11月11日写信给佩兰:"我本以为不可能如此精确地研究布朗运动;您做到了这一点真是这一课题的意外幸运。"

在1908年,佩兰发表了一系列实验的第一批结果,以前所未有的精确度确认了几乎所有爱因斯坦的预测。同爱因斯坦一样,佩兰也认识到范托夫在理想气体和溶液之间确立的类比也可以扩展到胶体溶液和悬浮液,而这种类比为获得原子论的证据提供了独特的手段。在他关于布朗运动的最初实验中,佩兰检验了在引力影响下悬浮粒子的垂直分布的一个公式。虽然佩兰很可能通过朗之万(Langevin)知道了爱因斯坦的工作,但他显然不知道爱因斯坦已经推导出了一个类似的公式。由于受到批评的挑战,佩兰检验了他关于斯托克斯公式对于他实验中所用粒子的有效性的假设。在1908年进一步发表的两篇文章中,佩兰应用他的方法测定了阿伏伽德罗常量。

在同一年,佩兰的博士研究生肖德赛格(Chaudesaigues)对爱因斯坦的位移公式作了实验检验。与上述亨利的结果相反,此实验结果与理论预测符合得极好。佩兰在别的学生的帮助下继续这些成功的实验;令爱因斯坦感到惊讶的是,他甚至能够把旋转的布朗运动也纳入他的研究之中。1909年11月11日,爱因斯坦写信给佩兰:"我不曾考虑到旋转的测量是可能的。在我的心目中,这只是个小小的玩笑。"佩兰成功的基础在于他巧妙地把几种实验技巧(制备精确控制粒子大小的乳胶的技巧与测量粒子数和粒子位移的技巧)结合起来。他在各种综述性论文和书籍中总结了他的成果,大大促进了人们对原子论的普遍接受。

1907年初,爱因斯坦本人试图对涨落现象的实验研究作出贡献。他对电容器中电压涨落的预测激励他探索测量小电量的可能性,以便为"在电学领域中与布朗运动有关的现象"提供实验支持。[6]1907年7月15日,他写信给他的朋友康拉德·哈比希特和保罗·哈比希特(Paul Habicht),谈到他发现了一种测量小量电能的方法。此后不久,这两位哈比希特试图研制爱因斯坦提议的装置。1907年末,爱因斯坦放弃了获得这一装置的专利的想法,如他在12月24日写给康拉德·哈比希特的信中所说:"主要是因为制造商们缺乏兴趣。"相反,他发表了一篇有关他的方法的基本特征的论文,该文鼓励对这一装置作进一步的研制。[7]尽管用这种装置测量导电体中的涨落现象被证明是很困难的,但其他人所做的实验工作很快就为物质的和电的原子结构提供了证据,超出了爱因斯坦起初的预料。

编者注

1. Einstein, *Autobiographical Notes*, Paul Arthur Schilpp, trans. and ed.(La Salle, Ill.: Open Court, 1979), pp. 44—45.

2. 同上文。

3. *Annalen der Physik* 19 (1906): 371—381, reprinted in *Collected Papers*, vol. 2, doc. 32, pp. 334—344.

4. Svedberg, *Zeitschrift für Elektrochemie und angewandte physikalische Chemie* 12 (1906): 853—854.

5. Einstein, in ibid., 13 (1907):41—42; reprinted in *Collected Papers*, vol. 2, doc. 40, pp. 399—400.

6. *Annalen der Physik* 22 (1907): 569—572, reprinted in *Collected Papers*, vol. 2, doc. 39, pp. 393—396.

7. *Physikalische Zeitschrift* 9 (1908): 216—217, reprinted in *Collected Papers*, vol. 2, doc. 48, pp. 490—491.

热的分子动理论所要求的
静止液体中悬浮小粒子的运动

在这篇论文中,将要说明:按照热的分子动理论,由于热的分子运动,悬浮在液体中的用显微镜可以看见的物体,必定会发生易于用显微镜观察到的这种量级的运动。可能,这里所讨论的运动就是所谓的布朗分子运动;可是,关于后者我所能得到的资料是如此的不准确,以至在这个问题上我无法形成判断。

只要这里讨论的这种运动连同所期望的它所遵循的规律性,实际上能够被观测到,那末,我们就不能再认为经典热力学适用于可用显微镜加以识别的空间;从此,精确测定原子的实际大小也就成为可能了。反之,要是关于这种运动的预言被证明是不正确的,那末就提供了一个有分量的论据来反对热的分子运动观。

1. 悬浮粒子产生的渗透压

设有 z 摩尔的非电解质溶解在总体积为 V 的液体的部分体积 V^* 中。如果这个体积 V^* 是用一个间壁同纯溶剂分隔开来,而这间壁对于溶剂是可以渗透的,但对于溶质却是不可渗透的,那末就有所谓的"渗

透压"作用在这间壁上,当V^*/z的值足够大时,它满足方程

$$pV^* = RTz.$$

可是,如果在液体的部分体积V^*中以小的悬浮体来代替溶质,这种粒子同样也不能穿过那个溶剂能渗透的间壁,那末,按照经典热力学理论——至少在忽略重力(它在这里对我们是无关紧要的)时——我们不应该指望会有任何压力作用在间壁上;因为按照通常的解释,这个体系的"自由能"看来同间壁和悬浮体的位置无关,而只是同悬浮物质、液体与间壁的总质量和性质,以及压力和温度有关。当然,当计算自由能时应当考虑到界面的能量和熵(表面张力);可是,因为当所考察的间壁和悬浮体的位置变化时接触面的大小和状态不会发生变化,所以我们就可以不考虑这些。

但是从热的分子动理论的观点出发,人们却得到了一个不同的解释。按照这一理论,一个被溶解的分子只在大小上不同于悬浮体,而难以理解的是,为什么悬浮体竟然不能像同等数量的被溶解分子那样产生同样的渗透压。我们不得不假定:由于液体的分子运动,悬浮体在液体中进行着一种不规则的,尽管是很缓慢的运动;如果它们被间壁挡着离不开体积V^*,它们就会对间壁施加压力,正像溶液中的分子那样。于是,如果在体积V^*中有n个悬浮体,也就是单位体积中有$n/V^* = \nu$个悬浮体,又如果它们中间邻近的悬浮体彼此都隔得足够远,那末它们就有一个对应的渗透压p,其量值是:

$$p = \frac{RT}{V^*}\frac{n}{N} = \frac{RT}{N} \cdot \nu,$$

此处N表示1个摩尔中所含有的实际分子数。下一节里将要说明热的分子动理论实际上的确导致对渗透压这种更广泛的解释。

2. 从热的分子动理论观点看渗透压*

如果 $p_1, p_2, \cdots, p_l$ 是一个物理系统的状态变量，它们完备地确定了这个系统的瞬时状态（比如这个系统的所有原子的坐标和速度分量），而且关于这些状态变量变化的完备方程组由下列形式给出：

$$\frac{\partial p_\nu}{\partial t} = \varphi_\nu(p_1, \cdots, p_l)(\nu = 1, 2, \cdots, l),$$

并且 $\sum \dfrac{\partial \varphi_\nu}{\partial p_\nu} = 0$，那末这个系统的熵就由下列表示式给出：

$$S = \frac{\bar{E}}{T} + 2\kappa \ln \int e^{-\frac{E}{2\kappa T}} dp_1 \cdots dp_l,$$

此处 T 是绝对温度，$\bar{E}$ 是这个系统的能量，E 是作为 p_ν 的函数的能量。这个积分必须遍及一切符合有关条件的 p_ν 的可能值。κ 同上述常数 N 用关系 $2\kappa N = R$ 联系起来。因此，关于自由能 F，我们得到：

$$F = -\frac{R}{N} T \ln \int e^{-\frac{EN}{RT}} dp_1 \cdots dp_l = -\frac{RT}{N} \ln B.$$

现在我们设想一种封闭在体积 V 内的液体；设在体积 V 的部分体积 V^* 中有 n 个溶质分子或者悬浮体，这些分子被一个半渗透的间壁保留在容积 V^* 中；在关于 S 和 F 的表示式中出现的积分 B 的积分限因而受到影响。设溶质分子或者悬浮体的总体积同 V^* 相比是小的。按照上述理论，这个系统可由状态变量 $p_1, \cdots, p_l$ 完备地加以描述。

即使分子图像在一切具体细节上都被确定了，可是，积分 B 的计算却是如此困难，使得关于 F 的精确计算简直难以想象。然而，我们在这里只需要知道 F 对于容纳所有溶质分子或者悬浮体（在下面简称为"粒

---

* 在这一节里，假定读者熟悉作者的几篇关于热力学基础的论文（参照 *Ann. d. Phys.* 9［1902］: 417 和 11［1903］: 170）。但对于理解目前这篇论文的结论，以前那些论文以及本文这一节的知识并不是必不可少的。

子")的体积V^*的大小的依赖关系。

我们称第一个粒子的重心的直角坐标为x_1, y_1, z_1,第二个粒子的重心的直角坐标为x_2, y_2, z_2,等等,最后一个粒子的重心的直角坐标为x_n, y_n, z_n,并且将平行六面体形式的无限小区域$dx_1dy_1dz_1$, $dx_2dy_2dz_2$, $\cdots$, $dx_ndy_ndz_n$配给这些粒子的重心,而所有这些区域全部都在V^*里面。在这些粒子重心都处于刚才所配给它们的区域里的限制下,我们要求那个出现在F的表示式中的积分的值。这个积分总是可以取形式

$$dB = dx_1dy_1\cdots dz_n \cdot J,$$

此处J同dx_1, dy_1,等等无关,也同V^*无关,也就是说,同半渗透间壁的位置无关。但是像立即可以证明的那样,J同区域的重心**位置**和V^*值的特殊选择也无关。因为,如果给出关于粒子重心的无限小区域的第二个系列,并用$dx'_1dy'_1dz'_1$, $dx'_2dy'_2dz'_2\cdots$, $dx'_ndy'_ndz'_n$来表示,这些区域不同于原先所给出的那些区域之处只在于它们的位置,而不在于它们的大小,并且它们也同样全部被包含在V^*里面,那末类似的表示式也成立:

$$dB' = dx'_1dy'_1\cdots dz'_n \cdot J',$$

其中

$$dx_1dy_1\cdots dz_n = dx'_1dy'_1\cdots dz'_n.$$

因此得到

$$\frac{dB}{dB'} = \frac{J}{J'}.$$

但是由所引的论文*中提出的热的分子论,不难推导出:dB/B或者dB'/B各自等于在一个任意选定的时刻粒子重心分别处于区域($dx_1\cdots dz_n$)或者区域($dx'_1\cdots dz'_n$)里面的概率。如果在足够的近似程度上,各单个粒子的运动是彼此无关的,如果液体是均匀的,并且没有力作用在这

---

* A. Einstein, *Ann. d. Phys.* 11 (1903): 170.

些粒子上,那末,对于同样大小的区域,对应于这两个区域系列的概率就必定相等,于是:

$$\frac{dB}{B} = \frac{dB'}{B}.$$

但是由这个方程以及前面求得的方程,得出

$$J = J'.$$

这样就证明了 J 既同 V^* 无关,也同 $x_1, y_1, \cdots, z_n$ 无关。通过积分,我们得到

$$B = \int J dx_1 \cdots dz_n = JV^{*n},$$

而且由此

$$F = -\frac{RT}{N} \{\ln J + n\ln V^*\}$$

并且

$$p = -\frac{\partial F}{\partial V^*} = \frac{RT}{V^*} \frac{n}{N} = \frac{RT}{N} \nu.$$

这个分析表明,渗透压的存在,是可以从热的分子动理论推导出来的一个结果;并且按照这种理论,同等数目的溶质分子和悬浮体,在很稀淡的情况下,对于渗透压来说,是完全一样的。

3. 悬浮小球的扩散理论

假设有许多悬浮粒子无规则地分布在一种液体里面。我们要研究它们在下述假定下的动态平衡状态,即假定有一个力 K 作用在单个粒子上,这个力同位置有关而同时间无关。为了简单起见,假定这个力无论作用在哪里都取 X 轴方向。

设 ν 是每单位体积所含悬浮粒子的数目,那末,在热动态平衡的情况下,ν 是 x 的这样一个函数,它使自由能对于悬浮物质的任意虚位移 δx 的变分等于零。因此,

$$\delta F = \delta E - T\delta S = 0.$$

我们假定液体垂直于 x 轴而具有单位横截面积,并且以 $x = 0$ 和 $x = l$ 两个平面作为边界。我们于是得到

$$\delta E = -\int_0^l K\nu\delta x dx$$

和

$$\delta S = \int_0^l R\frac{\nu}{N}\frac{\partial\delta x}{\partial x}dx = -\frac{R}{N}\int_0^l\frac{\partial\nu}{\partial x}\delta x dx.$$

所寻求的平衡条件因而是

$$-K\nu + \frac{RT}{N}\frac{\partial\nu}{\partial x} = 0 \tag{1}$$

或者

$$K\nu - \frac{\partial p}{\partial x} = 0.$$

最后一个方程表明,对于力 K 的平衡是靠渗透压力而实现的。

我们利用方程(1)来求悬浮物质的扩散系数。我们不妨把这里所考察的动态平衡状态,看成是两个朝相反方向进行的过程的叠加,那就是,

　　1. 在作用于每一单个悬浮粒子上的力 K 的影响下悬浮物质的运动。

　　2. 扩散过程,它被看成是由分子的热运动所引起的粒子无序运动的结果。

如果这些悬浮粒子具有球形(球的半径为 P),又如果液体具有黏性系数 k,那末力 K 就给予单个粒子以速度*

$$\frac{K}{6\pi kP},$$

并且每单位时间会有

---

* Cf., e.g., G. Kirchhoff, *Vorlesungen über Mechanik*, 26. Vorl., §4 (*Lectures on Mechanics*, Lecture 26, sec. 4).

$$\frac{\nu K}{6\pi kP}$$

个粒子穿过单位面积的横截面。

进一步,如果 D 表示悬浮物质的扩散系数,μ 表示一个粒子的质量,那末由于扩散的结果,每单位时间穿过单位面积的粒子就会有

$$-D\frac{\partial(\mu\nu)}{\partial x} \text{ 克},$$

或者

$$-D\frac{\partial\nu}{\partial x} \text{ 个}.$$

既然动态平衡应当居统治地位,那末就必须是:

$$\frac{\nu K}{6\pi kP} - D\frac{\partial\nu}{\partial x} = 0. \tag{2}$$

由所求得的关于动态平衡的两个条件(1)和(2),我们能够计算出扩散系数。我们得到:

$$D = \frac{RT}{N} \cdot \frac{1}{6\pi kP}.$$

因此,悬浮物质的扩散系数,除了依存于一些普适常量和绝对温度之外,只依存于液体的黏度和悬浮粒子的大小。

4. 液体中悬浮粒子的无序运动及其同扩散的关系

我们现在转到比较严密地研究由分子的热运动所引起的无序运动,这种运动是上节所研究的扩散发生的原因。

显然,我们必须假定,每一单个粒子所进行的运动,同其他一切粒子的运动都是无关的;同一个粒子在各个不同的时间间隔中的运动,也都必须被看成是相互独立的过程,只要我们设想所选取的这些时间间隔都不是太小的就行了。

我们现在引进时间间隔 τ,它比起可观察到的时间间隔要小得多,

但是,它所具有的大小还足以使一个粒子在两个相互衔接的时间间隔τ内所进行的运动被认为是相互独立的事件。

假设在一液体中总共有n个悬浮粒子。经过时间间隔τ,单个粒子的X坐标将要增加Δ,此处Δ对于每个粒子都有一个不同的(正的或者负的)值。对于Δ,某种概率分布定律成立;在时间间隔τ内经历了处于Δ和$\Delta+d\Delta$之间的位移的粒子数dn,可由如下形式的一个方程来表示:

$$dn = n\varphi(\Delta)d\Delta,$$

此处

$$\int_{-\infty}^{+\infty}\varphi(\Delta)d\Delta = 1,$$

而φ只是对于非常小的Δ值才不是零,并且满足条件

$$\varphi(\Delta) = \varphi(-\Delta).$$

我们现在要研究扩散系数是怎样依赖于φ的,在此我们再一次限于这样的情况:每一单位体积的粒子数ν只依赖于x和t。

设每一单位体积的粒子数为$\nu = f(x,t)$,我们要从粒子在时间t时的分布计算出它们在时间$t + \tau$时的分布。由函数$\varphi(\Delta)$的定义,不难得出时间$t + \tau$时位于两个垂直于X轴并具有横坐标x和$x + dx$的平面之间的粒子数。我们得到:

$$f(x,\ t + \tau)dx = dx \cdot \int_{\Delta = -\infty}^{\Delta = +\infty} f(x + \Delta)\varphi(\Delta)d\Delta.^1$$

但是,既然τ很小,那末我们就可以置

$$f(x,\ t + \tau) = f(x,\ t) + \tau\frac{\partial f}{\partial t}.$$

此外,我们还可以按Δ的幂来展开$f(x + \Delta,t)$:

$$f(x + \Delta,t) = f(x,\ t) + \Delta\frac{\partial f(x,\ t)}{\partial x} + \frac{\Delta^2}{2!}\frac{\partial^2 f(x,\ t)}{\partial x^2}\cdots$$

以至无限。

我们可以把这个展开式引入积分之中,因为只有很小的Δ值才能对后

者有所贡献。我们得到:

$$f + \frac{\partial f}{\partial t} \cdot \tau = f \cdot \int_{-\infty}^{+\infty} \varphi(\Delta) d\Delta + \frac{\partial f}{\partial t} \int_{-\infty}^{+\infty} \Delta \varphi(\Delta) d\Delta$$

$$+ \frac{\partial^2 f}{\partial x^2} \int_{-\infty}^{+\infty} \frac{\Delta^2}{2} \varphi(\Delta) d\Delta \cdots$$

在右边,由于 $\varphi(x) = \varphi(-x)$,第二、第四等各项等于零;而在第一、第三、第五等各项中,所有后一项都比前一项小得多。由于我们考虑到

$$\int_{-\infty}^{+\infty} \varphi(\Delta) d\Delta = 1,$$

同时我们设

$$\frac{1}{\tau} \int_{-\infty}^{+\infty} \frac{\Delta^2}{2} \varphi(\Delta) d\Delta = D,$$

并且只考虑右边的第一项和第三项,我们就从这方程得到

$$\frac{\partial f}{\partial t} = D \frac{\partial^2 f}{\partial x^2}. \tag{3}$$

这就是著名的关于扩散的微分方程,我们认出 D 就是扩散系数。

还有另一个重要的考虑可以同这种论证相联系。我们曾经假定,所有单个粒子全都是参照于同一坐标系的。但这是不必要的,因为单个粒子的运动都是相互独立的。我们现在要把每个粒子的运动都参照于这样一个坐标系,它的原点在时间 $t = 0$ 时同该粒子的重心的位置重合在一起,其差别仅在于 $f(x, t)dx$ 现在表示这样一些粒子的数目,这些粒子的 X 轴从时间 $t = 0$ 到时间 $t = t$ 增加了一个处于 x 和 $x + dx$ 之间的量。因此,在这种情况下,函数 f 也按照方程(1)而变化。[2]再者,对于 $x \gtrless 0$ 和 $t = 0$,显然必定得到

$$f(x,t) = 0 \text{ 和 } \int_{-\infty}^{+\infty} f(x,t) dx = n.$$

这个问题相当于从一个点向外扩散的问题(扩散粒子的相互作用忽略不计),它在数学上现在是完全确定了的;它的解是

$$f(x,t) = \frac{n}{\sqrt{4\pi D}} \frac{e^{-\frac{x^2}{4Dt}}}{\sqrt{t}}.$$

因此,在一个任意时间 t 中所产生的位移的概率分布是同随机误差的分布一样,而这正是所预料的。但是,重要的是,指数项中的常数同扩散系数的关系如何。我们现在借助这个方程来计算一个粒子在 X 轴方向上经历的平均位移 λ_x,或者比较准确地说,在 X 轴方向上的均方根位移;它就是

$$\lambda_x = \sqrt{\overline{x^2}} = \sqrt{2Dt} .$$

因此,平均位移同时间的平方根成正比。人们不难证明,粒子的**总位移**的均方根具有 $\lambda_x\sqrt{3}$ 值。

5. 关于悬浮粒子的平均位移的公式和测定原子实际大小的新方法

在第 3 节中,我们求出了一个半径为 P 的小球形的悬浮物质在液体中的扩散系数 D:

$$D = \frac{RT}{N} \cdot \frac{1}{6\pi kP} .$$

而且,在第 4 节中我们还求出了在时间 t 粒子在 X 轴方向上的位移的平均值:

$$\lambda_x = \sqrt{2Dt} .$$

消去 D,我们得到

$$\lambda_x = \sqrt{t} \cdot \sqrt{\frac{RT}{N} \cdot \frac{1}{3\pi kP}} .$$

这个方程表明 λ_x 是怎样依赖于 T, k 和 P 的。

我们现在要计算出,对于 1 秒钟时间 λ_x 该有多大,要是根据气体动理论的结果取 N 等于 $6 \cdot 10^{23}$,并选取 17℃ 的水作为液体($k = 1.35 \cdot 10^{-2}$),[3]而粒子的直径为 0.001 毫米。人们得到

$$\lambda_x = 8 \cdot 10^{-5} \text{厘米} = 0.8 \text{微米}。$$

于是在1分钟时间里的平均位移大约是6微米。

反过来，所求得的这个关系能够用来测定 N。我们得到

$$N = \frac{t}{\lambda_x^2} \cdot \frac{RT}{3\pi kP}。$$

我们希望有一位研究者能够立即成功地解决这里所提出的、对热理论关系重大的这个问题。

$$(Annalen\ der\ Physik\ 17\ [1905]:549\text{—}560)$$

编者注

1. 右边的 f 是在时间 t 时取值。

2. 这里方程(1)应该是方程(3)。

3. 水的黏度的值取自论文1，第48页，实际上是指9.5℃的水的黏度。

第三篇

爱因斯坦论相对论

$$k\,y = \frac{d}{dt}\left\{\frac{mc^2}{\sqrt{1-\frac{q^2}{c^2}}}\right\}. \quad \ldots \quad (27a)$$

Der Ausdruck unter der Klammer rechts spi~
Energie ~~eines bewegten Massenpunktes~~

$$E\,\mathcal{L} = \frac{mc^2}{\sqrt{1-\frac{q^2}{c^2}}} \quad \quad 27a\,(28)$$

wächst ins Unendliche, wenn sich q dem Wer
also eines unendlichen Energie - Aufwandes, s
Geschwindigkeit c zu erteilen. Um zu sehen, dass
Kleine Geschwindigkeit in den von Newtons Me
entwickeln war den Nenner und erhalten

$$E\,\mathcal{L} = mc^2 + \frac{m}{2}\,y^2 + \ldots \quad (28')$$

Das zweite Glied ~~m~~ der rechten Seite ist die gel

1912年爱因斯坦关于狭义相对论的部分手稿,证明方程 $E = mc^2$

（蒙耶路撒冷希伯来大学特许）

　　爱因斯坦是明确表述全部物理学的新运动学基础的第一位物理学家,虽然在洛伦兹的电子论中暗含了这种运动学基础。这种运动学是1905年从他对时空间隔概念的物理意义作批判性考察时出现的。这种考察,以仔细定义远距离事件的同时性为基础,证明作为牛顿运动学基础的普遍的或绝对的时间概念必须放弃;而两个惯性参考系坐标之间的伽利略变换必须用另一组时空变换来取代,这种变换在形式上与洛伦兹在以前引入的一组变换相符,但却有完全不同的解释。通过把这些变换解释为对应于新运动学的时空对称群的元,狭义相对论(它后来的名称)为物理学家在寻求场和粒子的新动力学理论时提供了强有力的引导,并渐渐导致对物理学中对称性标准的作用以更深的重视。狭义相对论又为哲学家反思新的时空观提供了丰富的材料。狭义相对论同牛顿力学一样,仍然赋予惯性参考系以特优地位。尝试推广相对论并把引力包含在内,引导爱因斯坦在1907年系统表述了等效原理。这是他寻求否定惯性系的特优地位的新引力理论的第一步,这个理论现在叫做广义相对论。

　　爱因斯坦在论文3中提出了狭义相对论,它是现代物理学发展的一个里程碑。在此文的第一部分,爱因斯坦提出了新的运动学,它以两个公设为基础,这两个公设是相对性原理和光速不变原理。在第二部分,他应用他的运动学结果去解决许多光学和动体电动力学问题。在论文4中,爱因斯坦提出了相对论的最重要推论之一,即质能等效性的论证。

　　严格讲,用"相对论"这个术语来讨论爱因斯坦有关这一课题的头几篇论文是时代错误。在那些论文中,他称之为"相对性原理"。1906年普朗克用"Relativtheorie"("相对理论")一词来描述关于电子运动的洛伦兹—爱因斯坦方程,而这种表达法继续使用了几年。布赫雷尔(A. H. Bucherer)似乎是在普朗克讲演后的讨论中,第一个采用"Relativitätstheorie"("相对论")一词的人。保罗·埃伦费斯特在一篇文章中用了这个词,1907年,爱因斯坦在他对该文的回答中采用了这个词,虽然,爱因斯坦此后有时也用这个词,但有好几年,他继续在他的论文标题中用"Relativitätsprinzip"("相对性原理")一词。1910年,数学家克莱因(Felix Klein)建议用"Invariantentheorie"("不变量理论"),但似乎没有任何物理学家采纳他的建议。1915年,爱因斯坦开始称他早期的工作为"狭义相对论",与他后来的"广义相对论"相对照。

爱因斯坦在他1905年的论文以及他1907年和1909年关于这一理论的综述中,把相对论描述为由一个具体问题引起的:相对性原理和麦克斯韦—洛伦兹电动力学理论之间的明显冲突。因为相对性原理断言一切惯性参考系的物理等效性,而麦克斯韦—洛伦兹理论暗含了有一个特优惯性系的存在。

相对性原理起源于经典力学。在假设牛顿运动定律和有心力相互作用的同时,可以证明在一个封闭系统中不可能用力学实验来决定一个惯性系的运动状态,如果该封闭系统的质心在这个惯性系中是静止的话。这个结论,到19世纪末已是众所周知的了,而且在经验上也很好地确认了,有时被称为相对运动原理,或相对性原理。

引入了荷电粒子间依赖于速度的力,导致关于相对性原理对磁相互作用的有效性的怀疑。光的波动理论看来使该原理对光学现象无效。此理论似乎要求一个无所不在的介质,即所谓光以太,以说明在没有通常物质时光的传播。假设以太与物质一起运动似乎被光行差现象或菲佐(Fizeau)关于运动介质中光速的结论所排斥。如果以太不被物质所拖曳,应该可用光学实验来检测相对于固定在以太中的参考系的运动。可是一切试图用光学实验来检测地球通过以太的运动都失败了。

麦克斯韦电磁学理论意在为电、磁和光学现象提供一个统一的解释。从它一出现,就提出了相对性原理对这些现象的地位问题。这个原理是从电动力学基本方程得出来的吗? 对这个问题的回答依赖于运动物体所要求的麦克斯韦方程组的形式。赫兹(Hertz)发展了运动物体的电动力学,基于以太与物质一起运动的假设,其中相对性原理成立。赫兹理论除了不能解释上述光学现象之外,也不能解释几个新的电磁现象,它很快就失去了人们对它的支持。

在19与20世纪之交,当爱因斯坦开始研究动体电动力学时,洛伦兹的很成功的麦克斯韦理论版本已被广泛接受。洛伦兹的电动力学基于一种微观理论,即所谓电子论。这个理论明确区分通常的有质物质和以太。通常的物质由有限大小的物质粒子组成,它们当中至少有一些是荷电的。整个空间,甚至那些被物质粒子所占据的空间,却遍布着以太,这是一种没有力学性质(诸如质量)的介质。以太是一切电磁场的基座。物质只通过产生这些场的荷电粒子影响到以太。以太只通过电磁力作用在物质之上(由场施加给荷电粒子)。通过假定这样的电的原子("电子"),洛伦兹理论把麦克斯韦以前的欧洲大陆传统的一个重要元素纳入麦克斯韦理论,从这个理论得到了场方程。

以太的各个部分被假设为彼此不能相对运动。因此,洛伦兹的以太定义一个刚性参考系,它被假设为惯性的。正是在这个参考系内,麦克斯韦方程有效;在其他参考系内,这些方程的伽利略变换形式成立。因此应该有可能通过恰当地设计地球上的电磁或光学实验,检测地球通过以太的运动。洛伦兹完全知道所有检测地球通过以太的运动的尝试都失败了,特别像迈克耳孙—莫雷实验这样灵敏的光学试验,所以他也试图根据他的理论来解释这种失败。

1895年,他处理这个问题的基本方法是使用"对应态定理",并与著名的收缩假说相结合。这个定理基本上是一个计算工具,它通过引入变换的坐标和场,在运动系统中的现象与静止系统中的现象之间建立某种对应关系。在此基础上,洛伦兹能够解释大多数探测地球通过以太的运动的电磁实验为什么会失败。1904年,他表明如何通过他的定理的推广以解释所有这种实验的失败。他引入了一组时空坐标变换(很快就被庞加莱命名为洛伦兹变换)和电磁场分量的变换,因此通过使用这些变换,不存在电荷的麦克斯韦方程在所有惯性系中取同样形式。因此,用以解释企图检测通过以太的运动之所以失败的洛伦兹进路是要证明:电子论的基本方程,尽管它们挑选出了静止的以太参考系,仍能解释检测地球通过以太运动的一切光学和电磁学试验的这种失败。

爱因斯坦的工作则基于对此问题的新观点。他不把电磁和光学实验检测地球通过以太运动的失败看成是可以从电动力学方程导出的某种结果,而认为这种失败是相对性原理在电动力学和光学中有效的经验证据。确实,他断言这个原理的普遍有效性,使它成为任何物理定律可以被接受之标准。在这方面,他给予相对性原理的地位类似于热力学原理的地位,他后来曾说,热力学是曾有助于给他以指导的一个范例。这些原理不是从其他理论推导出来,而是成为论证的推理链的公设,成为所有物理理论皆须满足的普遍标准的表述。

爱因斯坦现在面临着使麦克斯韦—洛伦兹电动力学与相对性原理相容的问题。他恰好是借助于一个从电动力学得出的原理,即光速不变原理,做到了这一点。光速不依赖于光源的速度,它在静止的以太参考系中有不变的值,这可以从麦克斯韦—洛伦兹理论推导出来。爱因斯坦从理论中摒弃以太,而把光速不变作为第二公设,得到一切有利于麦克斯韦—洛伦兹理论的经验证据的支持。当与相对性原理相结合,这导出一个表观上佯谬的结论:光速必须在一切惯性系中相同。这一结果与牛顿的速度加法定律相冲突,迫使对全部物理学的运动学基础作修正。爱因斯坦证明,远距离事件的同时性只能相对于一个特定惯性系在物理上作定义,这导致两个惯性系的时空坐标之间的运动学变换在形式上符合1904年洛伦兹已引入的变换。

爱因斯坦接着考虑新运动学对电动力学和力学的含义。通过消除以太的概念,他实际上断言电磁场并不需要一种作为基础的基质。他证明,如果对电磁场的变换律作适当规定,真空的麦克斯韦—洛伦兹方程在新的运动学变换下形式上就保持不变。他从要求麦克斯韦方程组在加上运流电流之后保持不变,导出了电荷密度和速度的适当的变换律。最后,通过假定牛顿方程对于一个静止的荷电粒子成立,他能够使用一个运动学变换导出以任何速度运动的荷电粒子("电子")的运动方程。

有关动体电动力学的表述同所有实验证据相符的问题,在爱因斯坦研究他的理论的年代时常被人讨论。类似于论文3中作出的许多具体论点的陈述出现在当时的文献之中,爱因斯坦可能已很熟悉有这些陈述的一些书和文章。但是他研究问题的方法,导致这些思想在他的论文中有特殊的组合,这是独一无二的——特别是要承认需要一种普遍适用的新运动学作为动体电动力学前后一致的方法的基础。

爱因斯坦关于相对论的研究工作出自他对动体的电动力学和光学的持久不衰的兴趣。1895年他写的第一篇科学论文就讨论了光通过以太的传播。第二年,据他后来回忆,下述问题开始使他伤脑筋:"如果一个人以光速追随光波,他将面对着一个与时间无关的波场。可是,这样的事情似乎并不存在! 这是第一个有关狭义相对论的、孩子气的思想实验。"[1]

这时爱因斯坦可能已经熟悉经典力学中的相对性原理。1895年他准备联邦工业大学入学考试时,已学了维奥勒的德文版教科书。维奥勒实际上把他的动力学探讨奠基于"相对运动原理"和惯性原理之上。

约在1898年，爱因斯坦开始学习麦克斯韦电磁理论，显然借助于德鲁德的教科书，到1899年，在学习了赫兹关于这个课题的论文之后，他就进行动体电动力学的研究了。他在1899年到1901年间，在信中与马里奇讨论了许多次；有一次，在1901年3月27日，他提到"我们关于相对运动的工作"。在1901年12月，爱因斯坦又对苏黎世大学克莱纳教授解释了他关于这一课题的思想，克莱纳鼓励他发表它们；但没有证据表明克莱纳在发展这些思想方面起了更多作用。

爱因斯坦的评论表明，在1899年，他关于电动力学的观点类似于洛伦兹的观点；但是除了这种相似性，没有证据表明爱因斯坦曾读过洛伦兹的任何著作。之后不久，爱因斯坦设计了一个实验，去检验物体相对于以太的运动对光传播的效应；在1901年他设计了第二个这样的实验，但两个实验都不能实现。1901年12月17日他报告马里奇，他正在写一篇关于动体电动力学的"最重要论文"，声言他对改正他的"相对运动观念"恢复信心，他的话可能表示他已怀疑相对于以太的运动在实验上是否可以检测。此后不久他写道，他想认真地研究洛伦兹的理论。

有当时的直接证据或强有力的间接证据表明，到1902年，爱因斯坦已读了或正在读德鲁德、亥姆霍兹（Helmholtz）、赫兹、洛伦兹、福格特（Voigt）、维恩和弗普尔（Föppl）写的电动力学和光学。他的信件中对1898年至1901年间发表在《物理学杂志》上的文章的评论表明那些年间他也定期阅读此期刊，研究其中的许多论文。可以合理地设想他在1902年至1905年间继续这样做。在这些年，许多重要的论动体的电动力学和光学的论文发表在《物理学杂志》上。在他后来的论相对论的论文中，他引用了1905年前发表的若干著作，可能他在1905年前读过几本这类著作。爱因斯坦还广泛阅读有关科学基础的著作。他后来认为，阅读休谟（Hume）、马赫、庞加莱的著作对他建立相对论有巨大意义。

相信以太的实在性的想法在世纪之交广泛流行。然而,有几部著作对以太存在的确实性提出了质疑,爱因斯坦对这些著作也很熟悉。米尔(Mill)在《逻辑》(*Logic*)一书中在讨论"假说方法"的过程中,对"流行的光以太假说"提出了许多怀疑的理由。[2]庞加莱在《科学与假设》一书中也提出了对以太存在的疑问,尽管他没有提出明确的答案。奥斯特瓦尔德在《普通化学教科书》中,建议以太假说可以用辐射的纯能量处理来替代。

只有很少数当时的文件对爱因斯坦在 1902 年至 1905 年间研究电动力学的情况稍有说明。1903 年 1 月 22 日,他写信给贝索:"在不久的将来,我要探讨气体中的分子力,然后全面研究电子论。"1903 年 12 月 5 日,爱因斯坦给伯尔尼自然研究协会讲"电磁波理论"。到 1905 年 5 月或 6 月,他写信给他的朋友康拉德·哈比希特时,这个理论实际上已经完成:"论文……还只有一个草稿,是关于动体电动力学的,利用了对时空理论的修正。"

爱因斯坦后来的回忆提示了他在写《论动体的电动力学》之前他发展相对性思想的几个重要因素,这些未记录在任何已知的当时的文件之中。1932 年 9 月 13 日在致奥本海默(Erika Oppenheimer)的信中,他对"导致建立狭义相对论的情势"作了一般性描述。"力学上一切惯性系统都等效。按照经验,这种等效性也该扩展到光学和电动力学。但是看来后者的理论不能得到这种等效性。我很快形成信念,这种状况的根源是理论体系的深刻不完备性。渴望去发现和克服这在我内心所产生的心理压力,在 7 年无效的探索之后,终于通过把时间和长度概念相对化而解决了。"

在 1952 年,他写道:"我走向狭义相对论的直接途径主要由如下信念所决定,即在磁场中运动的导体中产生的电动势不是别的,就是电场。但菲佐实验的结果和光行差现象也引导了我。"[3]

除了作为反对以太完全被运动物质带走的假设之证据这种众所周知的作用之外,不清楚菲佐的实验结果和光行差现象在爱因斯坦的思想中起了什么作用。可能它们的作用与如下事实有关,即在这两个例子中,观测效应只依赖于物质(第一个例子中是水,第二个例子中是一颗恒星)相对于地球的运动,而不依赖于地球相对于以太的假想的运动。

在电磁感应的例子中,爱因斯坦对它的作用给出了更详细的说明。在1920年,他写道:"在建立狭义相对论的过程中,下面的……关于法拉第电磁感应的思想起了引导作用。按照法拉第的意见,磁铁与一闭合电路的相对运动使后者感应产生电流。是磁铁运动还是导体运动没有什么关系;只有相对运动才是重要的……电磁感应现象……迫使我公设(狭义)相对性原理。"在一个脚注中他补充说:"当时有待克服的困难在于光速在真空中的不变性,起初我想必须放弃它。只有在多年探索之后,我才认识到困难在于运动学基本概念的独断性。"[4]

他对相对性原理的强烈信念和放弃"真空中的光速不变性"导致爱因斯坦探索光的发射说的可能性。在这种学说中,光速只相对于它的光源的速度不变,所以它显然与相对性原理一致。牛顿的光的微粒说是一种发射说,而爱因斯坦探索这样的理论可能与他的光量子假说(见论文5)相联系。1912年4月25日,在一封致埃伦费斯特的、评论里兹(Ritz)的发射说的信中,爱因斯坦说,"里兹的想法,在相对论之前,也是我的想法。"他在6月20日扩展了这个评论:"我知道光速不变原理是某种与相对性公设完全无关的东西。我估量它是更为可能的。c[光速]不变原理是麦克斯韦方程组所要求的,或者c的不变性仅仅是对位于光源的观察者而言的。我决定倾向于前者。"

在1924年,爱因斯坦描述了他的两难处境的突然解决。"在7年(1898—1905)徒劳的沉思之后,我突然想到了解答,我们的时空概念和定律只有在它们与我们的经验有明确关系的范围内才能声称是有效的;而经验可以很好地引导我们改变这些概念和定律。通过修正同时性概念,把它纳入更柔顺的形式,这样我得出了狭义相对论。"5

在1922年京都大学的讲演中,据报道,爱因斯坦曾这样说,对于如何协调洛伦兹理论和他的有关相对性的想法这个问题,在奋斗了一年之后,有一天他访问了一位朋友,与他详细讨论了这个问题。第二天,爱因斯坦对他的朋友说:"谢谢您,我已完全解决了我的问题。"6这个朋友可能就是贝索,是爱因斯坦当时在瑞士专利局的同事,也是因其帮助在论文3中唯一受到感谢的人。

此后,关于这篇论文的工作显然很快就完成了。1952年3月,爱因斯坦写信给泽利希说:"在形成狭义相对论的思想到完成有关论文之间经过了五六个星期。"

爱因斯坦的评论提示了他研究相对论经历了下列阶段:

1. 他开始相信,如同对力学现象的情况一样,在测定电磁和光学现象时,只有有质体的相对运动才是有意义的;在某种程度上,这个信念导致他放弃以太概念。

2. 他暂时放弃洛伦兹电动力学理论,因为它似乎把物理意义赋予了绝对运动(即相对于真空或以太的运动)。

3. 他探索另一种电动力学的可能性,该理论为光速相对于光源不变的发射说作辩护。

4. 放弃这种尝试,他重新审视了洛伦兹理论,在某种程度上集中关注他的相对运动思想同洛伦兹理论的具体推论(即光速与光源的速度无关)之间的冲突。

5. 他认识到这种冲突涉及以前暗中接受的关于时空间隔的运动学假设,这导致他审视远距离事件的同时性概念的意义。

6. 他用物理学方法来定义同时性,建构了一个新的基于相对性原理和光［速不变］原理的运动学,从而解决了它们之间表观上的冲突。

为了详细重建爱因斯坦对相对论的发展过程,曾作过许多尝试,这些尝试往往得到十分不同的结论。这样的重建必须考虑到爱因斯坦当时工作的其他组成部分。特别是,到他写相对论的论文时,他不再把麦克斯韦电磁理论看成是普遍有效的,而且已经提出了他的光量子假说(参见论文5)。他也证明了能量均分定理与麦克斯韦理论相结合导致一个不正确的黑体辐射定律(参见论文5第1节);而他关于热力学基础的工作使他相信能量均分定理对最普遍的经典力学系统有效。因此,他已经向经典力学和麦克斯韦理论的无限制的有效性提出了挑战。

爱因斯坦后来回忆说,因为不知道如何探索更好的物质和辐射结构的理论,他开始相信"只有发现一个普遍形式的原理才导致……可靠的结果"。[7]这样的原理在这方面所起的作用类似于热力学原理所起的作用。相对论正是以这样的原理为基础的:即使最初是由具体的力学和电磁理论提示的,相对性原理和光速不变原理得到了经验证据的支持,这些经验证据并不依赖于这些理论的有效性。

按照他妹妹的回忆,爱因斯坦为他的相对论的论文是否被《物理学杂志》接受而焦急。论文被接受之后,他迫切希望对它的发表立即有所反应,即使他预期会是批判性的反应。当下一期的《物理学杂志》甚至没有提及他的论文时,他大大地失望了。后来有一天,她回忆说,他收到了普朗克的一封信,要求说明论文中的少数模糊之点。"在长期等待之后,这正是他的论文终究被人阅读了的第一个迹象。这位青年学者对此反而感到更为愉快,因为对他的成就的承认来自当代最伟大的物理学家之一……当时,普朗克的兴趣对这位年轻的物理学家的士气有无限大的影响。"[8]

普朗克和爱因斯坦继续通信,1905年秋,普朗克在柏林大学物理学讨论会上讨论了爱因斯坦的论文。以后几年里,普朗克写了几篇论文,进一步发展相对性原理的推论,而且使他的助手劳厄(Max Laue)和他的一个学生蒙森盖尔(Kurd von Mosengeil)也对有关问题的研究发生了兴趣。几年以后,爱因斯坦对普朗克在促进相对论方面所起的作用进行赞扬:"这个理论很快受到同行的注意,确实大部分要归功于他介入这个理论的决心和热情。"9

1905年和1906年,其他物理学家也开始讨论爱因斯坦的工作。在它发表后两个月,考夫曼(Kaufmann)在他新近提出的关于β射线中电子质量实验的初步报告中引用了这篇论文。第二年,在更充分地讨论他的结果时,在注意到洛伦兹和爱因斯坦的理论得出同样的电子运动方程的同时,他首次明确说明了两人观点的基本差异。《物理学杂志》的主编德鲁德在他关于光学的标准教科书第二版以及在《物理学手册》(Handbuch der Physik)中论光学的文章中引用了爱因斯坦的论文。伦琴(Wilhelm Röntgen)写信给爱因斯坦,索取电动力学论文的抽印本,这可能与伦琴要作关于电子运动方程的报告有关。在1907年,爱因斯坦就相对论与普朗克、劳厄、维恩和闵可夫斯基通信。同一年,他被要求写一篇关于相对论的综述文章,该文发表在斯塔克(Stark)的《放射性年报》(Jahrbuch der Radioaktivität)上,而一家大的出版社探询出版一本有关他的研究的书的可能性。1907年,埃伦费斯特提到爱因斯坦的理论,把它说成是一个"封闭系统",导致爱因斯坦就他对相对论本质的观点作了澄清。到1908年,相对论,尽管还有争论而且往往不能与洛伦兹的电子理论明确区分开来,已是讲德语的权威物理学家讨论的主要议题了。

因为相对论来自爱因斯坦对电动力学的长期关注,他的理论最初是在这个领域中应用的,所以这个理论时常被看作实质上是洛伦兹电子论的另一个版本。爱因斯坦很快就感觉到需要明确地把从此理论的两个原理导出的此理论的运动学结果同使用这些运动学结果来解决动体的光学和电动力学中的问题,推导带电粒子的运动方程——或者甚至解决任何物理理论中的问题区分开来。他指出,此理论的公设并不构成一个"封闭系统",而只是一个"启发性的原理,它认为自身只包含有关刚体、时钟和光信号的论断"。除了这些论断,相对论只能建立"其他明显独立的物理学定律之间的关系"。[10]

在首次发表相对论后几个月,爱因斯坦发现有某种东西特别使他着迷:这就是惯性质量与能量的关系。他在1905年夏写信给康拉德·哈比希特:"我又想到关于电动力学的这篇论文的又一个推论。相对性原理与麦克斯韦方程相结合,要求质量是物体所含能量的直接量度;光携有它的质量。在镭的情况下,应该发生可觉察的质量的减少。论证是有趣和诱人的;但就我所知的一切,上帝可能会取笑它,并继续牵着我的鼻子四处转。"

惯性质量与电磁能相联系的想法在1905年前就时常有人讨论。在世纪之交,有人提议一切力学概念都可以从电磁概念导出。特别是,有人尝试从与电子的电磁场相联系的能量导出电子的整个惯性质量。也有人证明,充满辐射的容器显示出明显的惯性质量,它(如果容器的质量略而不计)与所包含的辐射能量成正比。

在论文4中,爱因斯坦论证说,作为相对性原理的一个推论,惯性质量同一切形式的能量相联系。他只能为一个系统发射电磁辐射的过程确立这个结果,但他论证说,这个结果与此系统丧失能量的机制无关。此外,他只能证明与能量变化相联系的惯性质量的变化等于能量的变化除以 c^2。1907年普朗克批评了他的论证,还提出了自己的论证,以证明热的传输也与有类似关系的惯性质量的传输相联系。

此后不久,斯塔克把质能关系的发现归功于普朗克。爱因斯坦在 1907 年 2 月 17 日写信给斯塔克:"您不承认我在惯性质量与能量之间的联系方面拥有优先权,使我颇为不安。"在收到斯塔克和解的、承认他的优先权的回答之后,爱因斯坦在 2 月 22 日又回了信,对他原先的气恼的反应感到遗憾:"受到承认的对科学的进展作出某种贡献的人,不应该让他们通过共同工作取得成果的喜悦被这样的事给破坏了。"

1906 年和 1907 年,爱因斯坦又回到惯性质量与能量的关系,对它们的完全等效给出了更普遍的论证。但他并未达到他所期望的完全的普遍性。在他 1909 年的萨尔茨堡讲演中,爱因斯坦强烈地着重指出,惯性质量是一切能量形式的属性,因此电磁辐射必定有质量。这个结论加强了爱因斯坦对显示粒子论的光量子假说的信念。

1905 年,爱因斯坦提出了他的理论的其他许多实验上可检验的推论,特别是电子运动方程。第二年他建议用阴极射线对这些方程作实验检验。[11]

在他的论文中,他也提到了考夫曼对 β 射线中电子运动的实验研究:从 1901 年开始,考夫曼已经进行了一系列关于 β 射线被电场和磁场偏转的实验。在 1905 年,他断言他新近进行的实验得出的质量依赖于速度的数据同洛伦兹和爱因斯坦(相同的)预测的结果不相容。考夫曼的工作引起了很多的讨论。洛伦兹为他的理论受到明显的反驳而沮丧。普朗克对实验作了仔细分析,结论是不能认为考夫曼的工作明确地反驳了洛伦兹——爱因斯坦的预测。据报道,权威的德国实验物理学家之一伦琴也感到考夫曼的结果并非决定性的,因为他的观测并不那么精确。在 1907 年的综述中,爱因斯坦用相当篇幅讨论考夫曼的结果,特别是它们与洛伦兹——爱因斯坦预测的明显不一致。在评论一个表明考夫曼的结果与相对论的预测之间关系的图表时,爱因斯坦写道:"考虑到实验的困难,人们可能倾向于认为符合的情况是令人满意的。"

可是,他又指出,偏离是系统性的,而且完全在考夫曼所允许的误差范围之外。"系统的偏差是基于一个尚未考虑到的误差来源,还是基于相对论的基础和事实缺乏一致性,只有到手头上有了更多方面的观测数据之后,才能肯定地作出决断。"[12]

虽然爱因斯坦显然接受实验是理论的命运的最终仲裁者,但他对接受考夫曼的结果是肯定性的结果这一点抱谨慎态度,或许这是因为他熟悉普朗克对这些实验的批判性分析。而他发现更加难以接受的是,以被他视为关于运动电子形状的武断的动力学假设为基础的别的电子运动方程。在承认考夫曼的数据似乎有利于亚伯拉罕(Abraham)和布赫雷尔的理论的同时,爱因斯坦得出结论说:"可是,按照我的意见,应当赋予这些理论的概率相当小,因为它们关于运动电子质量的基本假设得不到概括了大量更广泛现象的理论体系的支持。"[13]

对考夫曼结果的这种谨慎态度被证明是正确的。在以后几年,对实验结果解释的争论制止了它们在当时对相对论的评估中起决定性的作用。贝斯泰尔梅耶尔(Bestelmeyer)进行的β射线实验,普遍认为是无说服力的,而布赫雷尔的有利于洛伦兹—爱因斯坦方程的结果受到严厉的质疑。据报道,几位研究者于1910年开始的用阴极射线所做的实验也同样不能令人信服。几乎又过了10年,支持相对论预测的数据[1916年居伊(Guye)和拉旺希(Lavanchy)的结果]才被普遍接受。

编者注

1. Einstein, "Erinnerungen—Souvenirs," *Schweizerische Hochschulzeitung* 28 (*Sonderheft*) (1955): 146.

2. John Stuart Mill, *A System of Logic Ratiocinative and Inductive: Being a Connected View of the Principles of Evidence and the Methods of Scientific Investigation*, 8th ed. (London: Longmans, Green, Reader and Dyer, 1872; 1st ed., 1843), vol. 2, pp. 12, 20, 23.

3. 爱因斯坦的祝词,为尚克兰(R. S. Shankland)准备,以便他于1952年12月19日在凯斯学院举行的迈克耳孙诞辰100周年纪念会上宣读。

4. 未发表的手稿，题为"Fundamental Ideas and Methods of the Theory of Relativity, Presented as It Developed"，爱因斯坦编辑档案复制件，波士顿大学。

5. Friedrich Herneck，"Zwei Tondokumente Einsteins zur Relativitätstheorie,"*Forschungen und Fortschritte* 40（1966）: 134 转述的记录。

6. 参见爱因斯坦1922年12月14日所作讲演的报道，载 Jun Ishiwara（石原纯），*Einstein Kyôzyu-Kôen-roku* (Tokyo: Kabushika Kaisha, 1971), pp. 78—88。

7. Einstein, *Autobiographical Notes*, Paul Arthur Schilpp, trans. and ed. (La Salle, Ill.: Open Court, 1979), p. 48.

8. Maja Winteler-Einstein, "Albert Einstein: Beitrag für sein Lebensbild,"打印稿，第23—24页，爱因斯坦编辑档案，波士顿大学。

9. *Die Naturwissenschaften* 1 (1913): 1079, reprinted in *Collected Papers*, vol. 4, doc. 23, pp. 561—563.

10. Einstein, "Comments on the Note of Mr. Paul Ehrenfest: 'The Translatory Motion of Deformable Electrons and the Area Law,'" *Collected Papers*, vol. 2, doc. 44, pp. 410—412.

11. *Annalen der Physik* 21 (1906): 583—586, reprinted in *Collected Papers*, vol. 2, doc. 36, pp. 368—371.

12. *Jahrbuch der Radioaktivität und Elektronik* 4 (1907): 433—462, citation on pp. 437—439, reprinted in *Collected Papers*, vol. 2, doc. 47, pp. 433—484.

13. 同上文。

论动体的电动力学

　　大家知道,麦克斯韦电动力学——像现在通常为人们所理解的那样——应用到运动的物体上时,就要引起一些不对称,而这种不对称似乎不是现象所固有的。比如设想一个磁体同一个导体之间的电动力的相互作用。在这里,可观察到的现象只同导体和磁体的相对运动有关,可是按照通常的看法,这两个物体之中,究竟是这个在运动,还是那个在运动,却是截然不同的两回事。如果是磁体在运动,导体静止着,那末在磁体附近就会出现一个具有一定能量的电场,它在导体各部分所在的地方产生一股电流。但是如果磁体是静止的,而导体在运动,那末磁体附近就没有电场,可是在导体中却有一电动势,这种电动势本身虽然并不相当于能量,但是它——假定这里所考虑的两种情况中的相对运动是相等的——却会引起电流,这种电流的大小和路线都同前一情况中由电力所产生的一样。

　　诸如此类的例子,以及探测地球相对于“光介质”运动的尝试的失败,引起了这样一种猜想:不仅力学现象没有符合绝对静止这一概念的特性,而且电动力学现象也没有。更确切地说,电动力学和光学的同样的定律将适用[1]于力学方程在其中成立的一切坐标系,对于一阶微量来说,这是已经证明了的。我们要把这个猜想(它的内容以后就称为“相对性原理")提升为公设,并且还要引进另一条在表面上看来同它不相容的公设:光在空虚空间里总是以一确定的速度 V 传播着,这速度同发射体的运动状态无关。由这两条公设,根据静体的麦克斯韦理论,就足以得到一个简单而又不自相矛盾的动体电动力学。"光以太"的引入将被证明是多余的,因为按照这里所要阐明的见解,既不需要引进一个具有特殊性质的"绝对静止的空间",也不需要给发生电磁过程的空虚空间中的每个点规定一个速度矢量。

这里所要阐明的理论——像其他各种电动力学一样——是以刚体的运动学为根据的,因为任何这种理论所讲的,都与刚体(坐标系)、时钟和电磁过程之间的关系有关。对这种情况考虑不足,就是动体电动力学目前所必须克服的那些困难的根源。

A. 运动学部分

1. 同时性的定义

设有一个牛顿力学方程在其中有效的坐标系。为了使我们的陈述比较严谨,并且便于将这坐标系同以后要引进来的别的坐标系在字面上加以区别,我们叫它"静系"。

如果一个质点相对于这个坐标系是静止的,那末它相对于后者的位置就能够用刚性的量杆按照欧几里得几何的方法来定出,并且能用笛卡儿坐标来表示。

如果我们要描述一个质点的**运动**,我们就以时间的函数来给出它的坐标值。现在我们必须记住,这样的数学描述,只有在我们十分清楚地懂得"时间"在这里指的是什么之后才有物理意义。我们应当考虑到:凡是时间在里面起作用的我们的一切判断,总是关于**同时的事件**的判断。比如我说,"那列火车7点钟到达这里",这大概是说:"我的钟的短针指到7同火车的到达是同时的事件。"*

可能有人认为,用"我的钟的短针的位置"来代替"时间",也许就有可能克服由于定义"时间"而带来的一切困难。事实上,如果问题只是在于为这只钟所在的地点来定义一种时间,那末这样一种定义就已经足够了;但是,如果问题是要把发生在不同地点的一系列事件在时间上联系起来,或者说——其结果依然一样——要定出那些在远离这只钟的地点所发生的事件的时间,那末这样的定义就不够了。

当然,我们对于用如下的办法来测定事件的时间也许会感到满意,那就是让观察者同钟一起处于坐标的原点上,而当每一个表明事件发生的光信号通过空虚空间到达观察者时,他就把当时的时针位置同光到达的时间对应起来。但是这种对应关系有一个缺点,正如我们从经验中已知道的那样,它同这个带有钟的观察者所在的位置有关。通过下面的考虑,我们得到一种更加实际得多的测定法。

如果在空间的 A 点放一只钟,那末对于贴近 A 处的事件的时间,A 处的一个观察者能够由找出同这些事件同时出现的时针位置来加以测定。如果又在空间的 B 点放一只钟,这只钟同放在 A 处的那只钟完全一样,那末,通过在 B 处的观察者,也能够求出贴近 B 处的事件的时间。但要是没有进一步的规定,就不可能把 A 处的事件同 B 处的事件在时间上进行比较;到此为止,我们只定义了"A 时间"和"B 时间",但是并没有定义对于 A 和 B 是公共的"时间"。只有当我们**通过定义**,把光从 A 到 B 所需要的"时间"规定为等于它从 B 到 A 所需要的"时间",我们才能够定义 A 和 B 的公共"时间"。设在"A 时间"t_A 从 A 发出一道光线射向 B,它在"B 时间"t_B 又从 B 被反射向 A,而在"A 时间"t'_A 回到 A 处。如果

$$t_B - t_A = t'_A - t_B,$$

---

* 这里,我们不去讨论那种隐伏在(近乎)同一地点发生的两个事件的同时性这一概念里的不精确性,这种不精确性只能用某种抽象法来消除。

那末这两只钟按照定义是同步的。

我们假定,这个同步性的定义是可以没有矛盾的,并且对于无论多少个点也都适用,于是下面两个关系是普遍有效的:

> 1. 如果 B 处的钟同 A 处的钟同步,那末 A 处的钟也就同 B 处的钟同步。

> 2. 如果 A 处的钟既同 B 处的钟同步,又同 C 处的钟同步,那末 B 处和 C 处的两只钟也相互同步。

这样,我们借助于某些(假想的)物理经验,对于彼此相对静止在不同地方的各只钟,规定了什么叫做它们是同步的,从而显然也就获得了"同时"和"时间"的定义。一个事件的"时间",就是同该事件同时从静止在该事件发生地点的一只钟得到的读数,这只钟实际上是同某一只特定的静止的钟同步的,而且对于一切的时间测定,这只钟都同这只特定的静止的钟同步。

根据经验,我们还把下列量值

$$\frac{2\overline{AB}}{t'_A - t_A} = V$$

当作一个普适常量(光在空虚空间中的速度)。

要点是,我们用静止在静止坐标系中的钟来定义时间;由于它从属于静止的坐标系,我们把这样定义的时间叫做"静系时间"。

2. 论长度和时间的相对性

下面的考虑是以相对性原理和光速不变原理为依据的,这两条原理我们定义如下:

> 1. 物理系统的状态据以变化的定律,同描述这些状态变化时所参照的坐标系究竟是两个在互相匀速平行移动着的坐标系中的哪一个并无关系。

2. 任何光线在"静止的"坐标系中都是以确定的速度 V 运动着，不管这道光线是由静止的还是运动的物体发射出来的。由此，得到

$$速度 = \frac{光的路程}{时间间隔},$$

这里的"时间间隔"应依照第 1 节中所定义的意义来理解。

设有一静止的刚性杆；用一根也是静止的量杆量得它的长度是 l。我们现在设想这杆的轴是放在静止坐标系的 X 轴上，然后使这根杆沿着 X 轴向 x 增加的方向做匀速平行移动（速度是 v）。我们现在来考察这根**运动着**的杆的长度，并且设想它的长度是由下面两种操作来确定的：

a. 观察者同前面所给的量杆以及那根要量度的刚性杆一道运动，并且直接用量杆同杆相叠合来量出杆的长度，犹如要量的杆、观察者和量杆都处于静止时一样。

b. 观察者借助于一些安置在静系中的、并且根据第 1 节作同步运行的静止的钟，在某一特定时刻 t，求出那根要量的杆的始末两端处于静系中的哪两个点上。用那根已经使用过的在这种情况下是静止的量杆所量得的这两点之间的距离，也是一种长度，我们可以称它为"杆的长度"。

由操作（a）求得的长度，我们可称之为"动系中杆的长度"。根据相对性原理，它必定等于静止杆的长度 l。

由操作（b）求得的长度，我们可称之为"静系中（运动着的）杆的长度"。这种长度我们要根据我们的两条原理来加以确定，并且将会发现，它是不同于 l 的。

通常所用的运动学心照不宣地假定了：用上述这两种操作所测得的长度彼此是完全相等的，或者换句话说，一个运动着的刚体，于时刻 t，在几何学关系上完全可以用**静止**在一定位置上的**同一**物体来代替。

此外，我们设想，在杆的两端(A和B)，都放着一只与静系的钟相同步的钟，也就是说，这些钟所报的时刻，总是同它们所在地方的"静系时间"相一致；因此，这些钟也是"在静系中同步的"。

我们进一步设想，在每一只钟那里都有一位运动着的观察者同它在一起，而且他们把第1节中确立的关于两只钟同步运行的判据应用到这两只钟上。设有一道光线在时间* t_A从A处发出；它在时间t_B于B处被反射回，并在时间t'_A返回到A处。考虑到光速不变原理，我们得到：

$$t_B - t_A = \frac{r_{AB}}{V-v}$$

和

$$t'_A - t_B = \frac{r_{AB}}{V+v} \ ,$$

此处r_{AB}表示在静系中量得的运动着的杆的长度。因此，同动杆一起运动着的观察者会发现这两只钟不是同步运行的，可是处在静系中的观察者却会宣称这两只钟是同步的。

由此可见，我们不能给予同时性这概念以任何**绝对的**意义；两个事件，从一个坐标系看来是同时的，而从相对于这个坐标系运动着的另一个坐标系看来，就不能再被认为是同时的了。

3. 从静系到相对于它匀速平移的另一个坐标系的坐标和时间的变换理论

设在"静止的"空间中有两个坐标系，每一个都是由三条从一点发出并且互相垂直的刚性物质直线所组成。设想这两个坐标系的X轴叠合在一起，而它们的Y轴和Z轴则各自互相平行。设每个坐标系都备有一根刚性量杆和若干只钟，而且这两根量杆和两个坐标系的所有的钟彼

---

* 这里的"时间"表示"静系的时间"，同时也表示"运动着的钟经过所讨论的地点时的指针位置"。

此都是完全相同的。

现在对其中一个坐标系(k)的原点,在朝着另一个静止的坐标系(K)的x增加方向上给予一个(恒定)速度v,设想这个速度也传给了坐标轴、有关的量杆,以及那些钟。对于静系K的每一时间t,动系的轴都有一定的位置同它相对应,由于对称的缘故,我们有权假定k的运动可以是这样的:在时间t("t"始终表示静系的时间),动系的轴是同静系的轴相平行的。

我们现在设想空间不仅是从静系K用静止的量杆来量度,而且也从动系k用一根同它一道运动的量杆来量,由此分别得到坐标x,y,z和ξ,η,ζ。再借助于静系中的静止钟,用第1节中所讲的光信号方法,来测定一切安置有钟的各个点的静系时间t。同样,对于动系中一切安置有相对于其静止钟的点,它们的动系时间τ也是用第1节中所讲的光信号方法来测定。

对于完全地确定静系中一个事件的位置和时间的每一组值x,y,z,t,对应有一组值ξ,η,ζ,τ,它们相对于坐标系k确定了该事件,现在要解决的问题是找到联系这些量的方程组。

首先,这些方程显然应当都是**线性**的,因为我们认为空间和时间是具有均匀性的。

如果我们设$x'=x-vt$,那末显然,对于一个在k系中静止的点,就必定有一组同时间无关的值x',y,z。我们先把τ定义为x',y,z和t的函数。为此目的,我们必须用方程来表明,τ实际上就是k系中已按第1节所给定的规则同步化了的静止钟的读数集合。

假定在时间τ_0从k系的原点发射一道光线,沿着X轴射向x',在τ_1时从那里向原点反射回来,而在τ_2时到达;由此必定有

$$\frac{1}{2}\left(\tau_0 + \tau_2\right) = \tau_1,$$

或者,当我们引进函数 τ 的自变数,并且应用静系中的光速不变原理:

$$\frac{1}{2}\left[\tau\left(0,\ 0,\ 0,\ t\right)+\tau\left(0,\ 0,\ 0,\left\{t+\frac{x'}{V-v}+\frac{x'}{V+v}\right\}\right)\right]$$

$$=\tau\left(x',\ 0,\ 0,\ t+\frac{x'}{V-v}\right).$$

如果我们设 x' 为无限小,那末由此可得

$$\frac{1}{2}\left(\frac{1}{V-v}+\frac{1}{V+v}\right)\frac{\partial\tau}{\partial t}=\frac{\partial\tau}{\partial x'}+\frac{1}{V-v}\frac{\partial\tau}{\partial t},$$

或者

$$\frac{\partial\tau}{\partial x'}+\frac{v}{V^2-v^2}\frac{\partial\tau}{\partial t}=0.$$

应当指出,我们可以不选坐标原点,而选任何别的点作为光线的出发点,因此刚才导出的方程对于 x',y,z 的一切数值都成立。

作类似的推理——用在 H 轴[2]和 Z 轴上——并且注意到,从静系看来,光始终以速度 $\sqrt{V^2-v^2}$ 沿着这些轴传播,这就得到:

$$\frac{\partial\tau}{\partial y}=0$$

$$\frac{\partial\tau}{\partial z}=0.$$

由于 τ 是**线性**函数,从这些方程得到:

$$\tau=a\left(t-\frac{v}{V^2-v^2}x'\right),$$

此处 a 暂时还是一个未知函数 $\varphi(v)$,并且为了简便起见,假定在 k 的原点,当 $\tau=0$ 时,$t=0$。

借助于这一结果,就不难确定 ξ,η,ζ 这些量,这只要用方程来表明,光(像光速不变原理和相对性原理所共同要求的)在动系中量度起来也是以速度 V 传播的。对于在时间 $\tau=0$ 沿 ξ 增加的方向发射的一道光线,其方程是:

$$\xi=V\tau,$$

或者

$$\xi = aV\left(t - \frac{v}{V^2 - v^2}x'\right).$$

但在静系中量度，这道光线相对于 k 的原点以速度 $V - v$ 传播，因此得到：

$$\frac{x'}{V - v} = t.$$

将此 t 值代入关于 ξ 的方程，我们就得到：

$$\xi = a\frac{V^2}{V^2 - v^2}x'.$$

用类似的办法，考察沿另外两根轴运动的光线，我们就求得：

$$\eta = V\tau = aV\left(t - \frac{v}{V^2 - v^2}x'\right),$$

此处

$$\frac{y}{\sqrt{V^2 - v^2}} = t; \quad x' = 0;$$

因此

$$\eta = a\frac{V}{\sqrt{V^2 - v^2}}y,$$

$$\zeta = a\frac{V}{\sqrt{V^2 - v^2}}z.$$

代入 x' 的值，我们就得到：

$$\tau = \varphi(v)\beta\left(t - \frac{v}{V^2}x\right),$$

$$\xi = \varphi(v)\beta(x - vt),$$

$$\eta = \varphi(v)y,$$

$$\zeta = \varphi(v)z,$$

此处

$$\beta = \frac{1}{\sqrt{1 - \left(\frac{v}{V}\right)^2}},$$

而 φ 暂时仍是 v 的一个未知函数。如果对于动系的初始位置和 τ 的零点不作任何假定，那末这些方程的右边都必须加上一个附加常量。

我们现在必须证明，如果像我们假定的那样，在静系中任何光线均以速度 V 传播，那末在动系中量度时任何光线亦以速度 V 传播；因为我们还未证明光速不变原理同相对性原理是相容的。

设在时刻 $t = \tau = 0$，这两个坐标系有一个公共原点，从这原点发射出一个球面波，在 K 系里以速度 V 传播。因此，如果 (x, y, z) 是这个波到达的某一点，那末

$$x^2 + y^2 + z^2 = V^2 t^2.$$

借助我们的变换方程来变换这个方程，经过简单的演算后，我们得到：

$$\xi^2 + \eta^2 + \zeta^2 = V^2 \tau^2.$$

由此，在动系中看来，所考察的这个波仍然是一个具有传播速度 V 的球面波。这表明我们的两条基本原理是彼此相容的。[3]

在已导出的变换方程中，还留下一个 v 的未知函数 φ，这是我们现在所要确定的。

为此目的，我们引进第三个坐标系 K'，它相对于 k 系做这样一种平行于 Ξ 轴[4]的移动，使它的坐标原点在 Ξ 轴上以速度 $-v$ 运动着。设在 $t = 0$ 时，所有这三个坐标原点都重合在一起，且设 $t = x = y = z = 0$ 时，K' 系的时间 t' 为零。我们把在 K' 系量得的坐标记作 x', y', z'，通过两次运用我们的变换方程，我们就得到：

$$t' = \varphi(-v)\beta(-v)\left\{\tau + \frac{v}{V^2}\xi\right\} \quad = \varphi(v)\varphi(-v)t,$$

$$x' = \varphi(-v)\beta(-v)\{\xi + v\tau\} \quad = \varphi(v)\varphi(-v)x,$$

$$y' = \varphi(-v)\eta \quad = \varphi(v)\varphi(-v)y,$$

$$z' = \varphi(-v)\zeta \quad = \varphi(v)\varphi(-v)z.$$

由于 x', y', z' 同 x, y, z 之间的关系中不含时间 t，所以 K 同 K' 这两个坐标系是彼此相对静止的，而且，从 K 到 K' 的变换显然必定是恒等变换。因此：

$$\varphi(v)\varphi(-v) = 1.$$

我们现在来探究 $\varphi(v)$ 的意义。我们注意 k 系中 H 轴上在 $\xi = 0, \eta = 0,$ $\zeta = 0$ 和 $\xi = 0, \eta = l, \zeta = 0$ 之间的这一段。这一段的 H 轴，是一根相对于 K 系以速度 v 垂直于它自己的轴运动着的杆。它的两端在 K 中的坐标是：

$$x_1 = vt, \quad y_1 = \frac{l}{\varphi(v)}, \quad z_1 = 0;$$

和

$$x_2 = vt, \quad y_2 = 0, \quad z_2 = 0.$$

因此，在 K 中所量得的这杆的长度是 $l/\varphi(v)$；这就给出了函数 φ 的意义。由于对称的缘故，一根垂直于自己的轴运动的杆在静系中量得的长度，显然只同其运动的速度有关，而同运动的方向和指向无关。因此，如果 v 同 $-v$ 对调，在静系中量得的动杆的长度应当不变。由此推得：

$$\frac{l}{\varphi(v)} = \frac{l}{\varphi(-v)},$$

或者

$$\varphi(v) = \varphi(-v).$$

从这个关系和前面得出的另一关系，就必然得到 $\varphi(v) = 1$，因此，已经得到的变换方程就变为：

$$\tau = \beta\left(t - \frac{v}{V^{2x}}\right),$$
$$\xi = \beta(x - vt),$$
$$\eta = y,$$
$$\zeta = z,$$

此处

$$\beta = \frac{1}{\sqrt{1 - \left(\dfrac{v}{V}\right)^2}}.$$

4. 关于运动刚体和运动时钟所得方程的物理意义

我们观察一个半径为 R 的刚性球*,它相对于动系 k 是静止的,它的中心在 k 的坐标原点上。这个球以速度 v 相对于 K 系运动着,它的球面的方程是:

$$\xi^2 + \eta^2 + \zeta^2 = R^2.$$

用 x, y, z 来表示,在 $t = 0$ 时,这个球面的方程是:

$$\frac{x^2}{\left(\sqrt{1 - \left(\dfrac{v}{V}\right)^2}\right)^2} + y^2 + z^2 = R^2.$$

一个在静止状态量起来是球形的刚体,在运动状态——从静系看来——则具有旋转椭球体的形状,这椭球的轴是

$$R\sqrt{1 - \left(\frac{v}{V}\right)^2}, \ \ R, \ \ R.$$

这样看来,球(因而也可以是无论什么形状的刚体)的 Y 方向和 Z 方向的长度不因运动而改变,而 X 方向的长度则好像以 $1 : \sqrt{1 - (v/V)^2}$ 的比率缩短了,v 愈大,缩短得就愈厉害。对于 $v = V$,一切运动着的物体——从"静"系看来——都缩成平面结构了。对于大于光速的速度,我们的讨论就变得毫无意义了;在以后的讨论中,我们会发现,光速在我们的物理理论中扮演着无限大速度的角色。

很显然,从匀速运动着的坐标系看来,同样的结果也适用于静止在"静"系中的物体。

---

* 即在静止时看来是球形的物体。

我们进一步设想,有一只钟,当它同静系相对静止时,它能够指示时间 t;而当它同动系相对静止时,就能够指示时间 τ,我们把它放到 k 的坐标原点上,并且校准它,使它指示时间 τ。从静系看来,这只钟走得快慢怎样呢?

同这只钟的位置有关的量 x, t 和 τ 显然满足下列方程:

$$\tau = \frac{1}{\sqrt{1 - \left(\dfrac{v}{V}\right)^2}}\left(t - \frac{v}{V^2}x\right)$$

和

$$x = vt.$$

因此,我们有

$$\tau = t\sqrt{1 - \left(\frac{v}{V}\right)^2} = t - \left(1 - \sqrt{1 - \left(\frac{v}{V}\right)^2}\right)t.$$

由此得知,在静系中看来这只钟所指示的时间每秒钟要慢 $\left(1 - \sqrt{1 - \left(\dfrac{v}{V}\right)^2}\right)$ 秒,或者——略去第四阶和更高阶的[小]量——要慢 $\frac{1}{2}(v/V)^2$ 秒。

这就产生了如下的奇特后果:如果在 K 的 A 点和 B 点上各有一只在静系看来是同步运行的静止的钟,并且 A 处的钟以速度 v 沿着 AB 连线向 B 运动,那末当它到达 B 时,这两只钟不再是同步的了,从 A 向 B 运动的钟要比另一只留在 B 处的钟落后 $\frac{1}{2}tv^2/V^2$ 秒(不计第四阶和更高阶的[小]量),t 是这只钟从 A 到 B 所需的时间。

我们立即可见,当钟从 A 到 B 是沿着一条任意的折线运动时,上面这结果仍然成立,甚至当 A 和 B 这两点重合在一起时,也还是如此。[5]

如果我们假定,对于折线证明的结果,对于连续曲线也有效,那末我们就得到这样的命题:如果 A 处有两只同步的钟,其中一只以恒定速度沿一条闭合曲线运动,经历了 t 秒后回到 A,那末,这只钟在到达 A 时,比那只在 A 处始终未动的钟要慢 $\frac{1}{2} t(v/V)^2$ 秒。由此,我们可以断定:在地球赤道上的摆轮钟,[6]比起放在两极的一只在性能上完全一样的钟来,在别的条件都相同的情况下,它要走得慢些,不过所差的量非常之小。

5. 速度的加法定理

在以速度 v 沿 K 系的 X 轴运动着的 k 系中,设有一个点依照下面的方程运动:

$$\xi = w_\xi \tau,$$
$$\eta = w_\eta \tau,$$
$$\zeta = 0,$$

此处 w_ξ 和 w_η 都表示常量。

求这个点相对于 K 系的运动。借助于第 3 节中得出的变换方程,把 x, y, z, t 这些量引入该点的运动方程,我们就得到:

$$x = \frac{w_\xi + v}{1 + \frac{vw_\xi}{V^2}} t,$$

$$y = \frac{\sqrt{1 - \left(\frac{v}{V}\right)^2}}{1 + \frac{vw_\xi}{V^2}} w_\eta t,$$

$$z = 0.$$

这样,依照我们的理论,速度的矢量加法只在第一级近似范围内才有效。设

$$U^2 = \left(\frac{dx}{dt}\right)^2 + \left(\frac{dy}{dt}\right)^2,$$

$$w^2 = w_\xi^2 + w_\eta^2$$

和

$$\alpha = \arctan\frac{w_y}{w_x};^7$$

α 因而被看成是 v 和 w 两速度之间的交角。经过简单演算后,我们得到:

$$U = \frac{\sqrt{\left(v^2 + w^2 + 2vw\cos\alpha\right) - \left(\frac{vw\sin\alpha}{V}\right)^2}}{1 + \frac{vw\cos\alpha}{V^2}}.$$

值得注意的是,v 和 w 以对称的形式进入合成速度的表达式里。如果 w 也取 X 轴(Ξ 轴)的方向,那末我们就得到:

$$U = \frac{v + w}{1 + \frac{vw}{V^2}}.$$

从这个方程得知,由两个小于 V 的速度合成而得的速度总是小于 V。因为如果我们设 $v = V - \kappa$, $w = V - \lambda$,此处 κ 和 λ 都是正的并且小于 V,那末:

$$U = V\frac{2V - \kappa - \lambda}{2V - \kappa - \lambda + \frac{\kappa\lambda}{V}} < V.$$

进一步还可看出,光速 V 不会因为同一个"小于光速的速度"合成而有所改变。在此场合下,我们得到:

$$U = \frac{V + w}{1 + \frac{w}{V}} = V.$$

当 v 和 w 具有同一方向时,我们也可以按第3节把两个变换联合起来,而得到 U 的公式。如果除了在第3节中所描述的 K 和 k 这两个坐标系之外,我们还引进另一个对 k 做平行运动的坐标系 k',它的原点以速度 w 沿 Ξ 轴运动,那末我们就得到 x, y, z, t 这些量同 k' 的对应量之间的方程,它们同第3节中所得到的那些方程的区别,仅仅在于以

$$\frac{v+w}{1+\dfrac{vw}{V^2}}$$

这个量来代替"v";由此可知,这样的平行变换——必然地——形成一个群。

我们现在已经依照我们的两条原理推导出运动学的必要命题,并要进而说明它们在电动力学中的应用。

B. 电动力学部分

6. 空虚空间麦克斯韦—赫兹方程的变换。关于磁场中由运动产生的电动力的本性

设对于空虚空间的麦克斯韦—赫兹方程对于静系 K 有效,那末我们可以得到:

$$\frac{1}{V}\frac{\partial X}{\partial t}=\frac{\partial N}{\partial y}-\frac{\partial M}{\partial z}, \quad \frac{1}{V}\frac{\partial L}{\partial t}=\frac{\partial Y}{\partial z}-\frac{\partial Z}{\partial y},$$

$$\frac{1}{V}\frac{\partial Y}{\partial t}=\frac{\partial L}{\partial z}-\frac{\partial N}{\partial x}, \quad \frac{1}{V}\frac{\partial M}{\partial t}=\frac{\partial Z}{\partial x}-\frac{\partial X}{\partial z},$$

$$\frac{1}{V}\frac{\partial Z}{\partial t}=\frac{\partial M}{\partial x}-\frac{\partial L}{\partial y}, \quad \frac{1}{V}\frac{\partial N}{\partial t}=\frac{\partial X}{\partial y}-\frac{\partial Y}{\partial x},$$

此处 (X,Y,Z) 表示电力矢量,而 (L,M,N) 表示磁力矢量。

如果我们把第 3 节中导出的变换用到这些方程上去,把这电磁过程参照于那个在第 3 节中所引用的、以速度 v 运动着的坐标系,我们就得到如下方程:

$$\frac{1}{V}\frac{\partial X}{\partial \tau}=\frac{\partial \beta\left(N-\dfrac{v}{V}Y\right)}{\partial \eta}-\frac{\partial \beta\left(M+\dfrac{v}{V}Z\right)}{\partial \zeta},$$

$$\frac{1}{V}\frac{\partial \beta\left(Y-\dfrac{v}{V}N\right)}{\partial \tau}=\frac{\partial L}{\partial \zeta}-\frac{\partial \beta\left(N-\dfrac{v}{V}Y\right)}{\partial \xi},$$

$$\frac{1}{V}\frac{\partial\beta\left(Z+\frac{v}{V}M\right)}{\partial\tau}=\frac{\partial\beta\left(M+\frac{v}{V}Z\right)}{\partial\xi}-\frac{\partial L}{\partial\eta},$$

$$\frac{1}{V}\frac{\partial L}{\partial\tau}=\frac{\partial\beta\left(Y-\frac{v}{V}N\right)}{\partial\zeta}-\frac{\partial\beta\left(Z+\frac{v}{V}M\right)}{\partial\eta},$$

$$\frac{1}{V}\frac{\partial\beta\left(M+\frac{v}{V}Z\right)}{\partial\tau}=\frac{\partial\beta\left(Z+\frac{v}{V}M\right)}{\partial\xi}-\frac{\partial X}{\partial\zeta},$$

$$\frac{1}{V}\frac{\partial\beta\left(N-\frac{v}{V}Y\right)}{\partial\tau}=\frac{\partial X}{\partial\eta}-\frac{\partial\beta\left(Y-\frac{v}{V}N\right)}{\partial\xi},$$

此处

$$\beta=\frac{1}{\sqrt{1-\left(\frac{v}{V}\right)^2}}.$$

相对性原理要求，如果关于空虚空间的麦克斯韦—赫兹方程在 K 系中成立，那末它们在 k 系中也该成立，也就是说，动系 k 的电力矢量 (X',Y',Z') 和磁力矢量 (L',M',N')——它们是在动系 k 中分别由作用在电荷和磁荷上的有质动力效应来定义的——满足下列方程：

$$\frac{1}{V}\frac{\partial X'}{\partial\tau}=\frac{\partial N'}{\partial\eta}-\frac{\partial M'}{\partial\zeta},\quad \frac{1}{V}\frac{\partial L'}{\partial\tau}=\frac{\partial Y'}{\partial\zeta}-\frac{\partial Z'}{\partial\eta},$$
$$\frac{1}{V}\frac{\partial Y'}{\partial\tau}=\frac{\partial L'}{\partial\zeta}-\frac{\partial N'}{\partial\xi},\quad \frac{1}{V}\frac{\partial M'}{\partial\tau}=\frac{\partial Z'}{\partial\xi}-\frac{\partial X'}{\partial\zeta},$$
$$\frac{1}{V}\frac{\partial Z'}{\partial\tau}=\frac{\partial M'}{\partial\xi}-\frac{\partial L'}{\partial\eta},\quad \frac{1}{V}\frac{\partial N'}{\partial\tau}=\frac{\partial X'}{\partial\eta}-\frac{\partial Y'}{\partial\xi}.$$

显然，为 k 系求得的上面这两个方程组必定完全表达同一回事，因为这两个方程组都等价于 K 系的麦克斯韦—赫兹方程。此外，由于关于这两个系的各个方程，除了代表矢量的符号以外，都是相一致的，因此，在两个方程组里的对应位置上出现的函数，除了一个因子 $\psi(v)$ 之外，都应当相一致，而因子 $\psi(v)$ 对于一个方程组里的一切函数都是共同的，并且同 ξ, η, ζ 和 τ 无关，但可能同 v 有关。由此我们得到如下关系：

$$X' = \psi(v)X, \qquad\qquad L' = \psi(v)L,$$

$$Y' = \psi(v)\beta\left(Y - \frac{v}{V}N\right), \quad M' = \psi(v)\beta\left(M + \frac{v}{V}Z\right),$$

$$Z' = \psi(v)\beta\left(Z + \frac{v}{V}M\right), \quad N' = \psi(v)\beta\left(N - \frac{v}{V}Y\right).$$

我们现在来作这个方程组的逆变换，首先是解刚才所得的方程，其次，将它用于那个由速度 $-v$ 表征的逆变换（从 k 变换到 K）上去，那末，当我们考虑到如此得出的两个方程组必定是恒等的，就得到：

$$\varphi(v) \cdot \varphi(-v) = 1.^*$$

再者，由于对称的缘故，**

$$\varphi(v) = \varphi(-v);$$

所以

$$\varphi(v) = 1,$$

我们的方程也就具有如下形式：

$$X' = X, \qquad\qquad L' = L,$$

$$Y' = \beta\left(Y - \frac{v}{V}N\right), \quad M' = \beta\left(M + \frac{v}{V}Z\right),$$

$$Z' = \beta\left(Z + \frac{v}{V}M\right), \quad N' = \beta\left(N - \frac{v}{V}Y\right).$$

为了解释这些方程，我们作如下的说明：设有一个点状电荷，在静系 K 中量度时其电荷的量值是"1"，那就是说，当静止在静系中时，它以 1 达因的力作用在距离 1 厘米处的一个相等的电荷上。根据相对性原理，在动系中量度时，这个电荷的量值也是"1"。如果这个电荷相对于静系是静止的，那末按照定义，矢量 (X, Y, Z) 就等于作用在它上面的力。另

---

* 原文如此。这里的 φ 似系 ψ 之误。下两式同。——译者

** 比如，要是 $X = Y = Z = L = M = 0$，而 $N \neq 0$，那末，由于对称的缘故，如果 v 改变正负号而不改变其数值，显然 Y' 也必定改变正负号而不改变其数值。

一方面,如果这个电荷相对于动系是静止的(至少在有关的瞬时),那末作用在它上面的力,在动系中测量便等于矢量(X', Y', Z')。由此,上面那些方程中的前面三个,在文字上可以用如下两种方式来表述:

  1. 如果一个单位点电荷在一个电磁场中运动,那末作用在它上面的,除了电力,还有一个"电动力",要是我们略去含v/V的二次以及更高次幂的项,这个电动力就等于该电荷的速度同磁力的矢量积除以光速。(旧的表述方式)

  2. 如果一个单位点电荷在一个电磁场中运动,那末作用在它上面的力就等于在该单位电荷处的电力,这个电力是我们把这电磁场变换到相对于该单位电荷静止的坐标系中而得出的。(新的表述方式)

对于"磁动力"也与此类似。[8]我们可以看到,在此处阐述的理论中,电动力只起着一个辅助概念的作用,它的引入是由于这样的情况:电力和磁力都不是独立于坐标系的运动状态而存在的。

同时也很明显,序言中提到的在处理由磁体同导体的相对运动而产生的电流时出现的不对称性,现在消失了。而且,关于电动力学的电动势的"位置"问题(单极电机),现在也不成为问题了。

7. 多普勒原理和光行差的理论

在K系中,离坐标原点很远的地方,设有一电动力学波源,在包括坐标原点在内的一部分空间里,这些波可以足够精确地用下面的方程来表示:

$$X = X_0\sin\Phi, \quad L = L_0\sin\Phi,$$

$$Y = Y_0\sin\Phi, \quad M = M_0\sin\Phi, \quad \Phi = \omega\left(t - \frac{ax + by + cz}{V}\right).$$

$$Z = Z_0\sin\Phi, \quad N = N_0\sin\Phi,$$

这里的 (X_0, Y_0, Z_0) 和 (L_0, M_0, N_0) 是确定波列振幅的矢量, a, b, c 是波面法线的方向余弦。

我们要探究由一个静止在动系 k 中的观察者看起来的这些波的性状。应用第 6 节所得出的关于电力和磁力的变换方程,以及第 3 节所得出的关于坐标和时间的变换方程,我们立即得到:

$$X' = X_0 \sin\Phi', \qquad\qquad L' = L_0 \sin\Phi',$$

$$Y' = \beta\left(Y_0 - \frac{v}{V}N_0\right)\sin\Phi', \qquad M' = \beta\left(M_0 + \frac{v}{V}Z_0\right)\sin\Phi',$$

$$Z' = \beta\left(Z_0 + \frac{v}{V}M_0\right)\sin\Phi', \qquad N' = \beta\left(N_0 - \frac{v}{V}Y_0\right)\sin\Phi',$$

$$\Phi' = \omega'\left(\tau - \frac{\alpha'\xi + b'\eta + c'\zeta}{V}\right),$$

此处我们已设

$$\omega' = \omega\beta\left(1 + a\frac{v}{V}\right),$$

$$a' = \frac{a - \dfrac{v}{V}}{1 - a\dfrac{v}{V}},$$

$$b' = \frac{b}{\beta\left(1 - a\dfrac{v}{V}\right)},$$

$$c' = \frac{c}{\beta\left(1 - a\dfrac{v}{V}\right)}.$$

从关于 ω' 的方程可得知:如果有一观察者以速度 v 相对于一个在无限远处频率为 ν 的光源运动,并且"光源—观察者"连线与观察者在一个同光源相对静止的坐标系中的速度相交成 φ 角,那末,观察者所感知的光的频率 ν' 由下面的方程给出:

$$\nu' = \nu\frac{1 - \cos\varphi\dfrac{v}{V}}{\sqrt{1 - \left(\dfrac{v}{V}\right)^2}}.$$

这就是对于任意速度的多普勒原理。当 $\varphi = 0$ 时，这方程具有如下的简单形式：

$$\nu' = \nu \sqrt{\frac{1 - \frac{v}{V}}{1 + \frac{v}{V}}}.$$

我们可看出，当 $v = -\infty$ 时，$\nu = \infty$。[9] 这同通常的理解相矛盾。

如果我们把动系中的波面法线（光线的方向）同"光源—观察者"连线 [10] 之间的交角叫做 φ'，那末关于 α' [11] 的方程就取如下形式：

$$\cos\varphi' = \frac{\cos\varphi - \frac{v}{V}}{1 - \frac{v}{V}\cos\varphi}.$$

这个方程以最一般的形式表述了光行差定律。如果 $\varphi = \pi/2$，这个方程就取简单的形式：

$$\cos\varphi' = -\frac{v}{V}.$$

我们还应当求出这些波在动系中看来的振幅。如果我们把在静系中量出的和在动系中量出的电力或磁力的振幅，分别叫做 A 和 A'，那末我们就得到：

$$A'^2 = A^2 \frac{\left(1 - \frac{v}{V}\cos\varphi\right)^2}{1 - \left(\frac{v}{V}\right)^2},$$

如果 $\varphi = 0$，这个方程就取更简单的形式：

$$A'^2 = A^2 \frac{1 - \frac{v}{V}}{1 + \frac{v}{V}}.$$

从这些已求得的方程得知，对于一个以速度 V 向光源接近的观察者，这光源必定显得无限强烈。

8. 光线能量的变换。作用在完全反射镜上的辐射压理论

因为 $A^2/8\pi$ 等于每单位体积的光能，于是由相对性原理，我们应当把 $A'^2/8\pi$ 看作动系中的光能。因此，如果一个光集合体的体积在 K 中量同在 k 中量彼此相等，那末 A'^2/A^2 就该是这一光集合体"在运动中量得的"能量同"在静止中量得的"能量的比率。然而情况并非如此。如果 a,b,c 是静系中光的波面法线的方向余弦，那就没有能量会通过一个以光速运动着的球面

$$(x - Vat)^2 + (y - Vbt)^2 + (z - Vct)^2 = R^2$$

的各个面元；因此，我们也许可以说，这个球面永远包围着这个光集合体。我们要探究在 k 系看来这个面所包围的能量，也就是要求出这个光集合体相对于 k 系的能量。

这个球面——在动系看来——是一个椭球面，在 $\tau = 0$ 时它的方程是：

$$\left(\beta\xi - a\beta\frac{v}{V}\xi\right)^2 + \left(\eta - b\beta\frac{v}{V}\xi\right)^2 + \left(\zeta - c\beta\frac{v}{V}\xi\right)^2 = R^2.$$

如果 S 是球的体积，S' 是这个椭球的体积，那末，通过简单的计算，就得到：

$$\frac{S'}{S} = \frac{\sqrt{1 - \left(\dfrac{v}{V}\right)^2}}{1 - \dfrac{v}{V}\cos\varphi}.$$

如果我们把在静系中量得的、为这个曲面所包围的光能叫做 E，而在动系中量得的叫做 E'，我们就得到：

$$\frac{E'}{E} = \frac{\dfrac{A'^2}{8\pi}S'}{\dfrac{A^2}{8\pi}S} = \frac{1 - \dfrac{v}{V}\cos\varphi}{\sqrt{1 - \left(\dfrac{v}{V}\right)^2}},$$

当 $\varphi = 0$ 时，这个方程就简化成：

$$\frac{E'}{E} = \sqrt{\frac{1 - \dfrac{v}{V}}{1 + \dfrac{v}{V}}}.$$

值得注意的是,一个光集合体的能量和频率都随着观察者的运动状态遵循着同一定律而变化。

现在设坐标平面 $\xi = 0$ 是一个完全反射的表面,第 7 节中所考察的平面波在那里受到反射。我们要求出作用在这反射面上的光压,以及反射后的光的方向、频率和强度。

设入射光由 $A, \cos\varphi, \nu$(参照于 K 系)这些量来规定。在 k 看来,其对应量是:

$$A' = A\frac{1 - \dfrac{v}{V}\cos\varphi}{\sqrt{1 - \left(\dfrac{v}{V}\right)^2}},$$

$$\cos\varphi' = \frac{\cos\varphi - \dfrac{v}{V}}{1 - \dfrac{v}{V}\cos\varphi},$$

$$\nu' = \nu\frac{1 - \dfrac{v}{V}\cos\varphi}{\sqrt{1 - \left(\dfrac{v}{V}\right)^2}}.$$

从 k 系来看这过程,对于反射光,我们得到:

$$A'' = A',$$

$$\cos\varphi'' = -\cos\varphi',$$

$$\nu'' = \nu'.$$

最后,通过回转到静系 K 的变换,关于反射光,我们得到:

$$A''' = A''\frac{1 + \dfrac{v}{V}\cos\varphi''}{\sqrt{1 - \left(\dfrac{v}{V}\right)^2}} = A\frac{1 - 2\dfrac{v}{V}\cos\varphi + \left(\dfrac{v}{V}\right)^2}{1 - \left(\dfrac{v}{V}\right)^2},$$

$$\cos\varphi''' = \frac{\cos\varphi'' + \frac{v}{V}}{1 + \frac{v}{V}\cos\varphi''} = -\frac{\left(1 + \left(\frac{v}{V}\right)^2\right)\cos\varphi - 2\frac{v}{V}}{1 - 2\frac{v}{V}\cos\varphi + \left(\frac{v}{V}\right)^2},$$

$$\nu''' = \nu''\frac{1 + \frac{v}{V}\cos\varphi''}{\sqrt{1 - \left(\frac{v}{V}\right)^2}} = \nu\frac{1 - 2\frac{v}{V}\cos\varphi + \left(\frac{v}{V}\right)^2}{1 - \left(\frac{v}{V}\right)^2}. \quad [12]$$

每单位时间内射到反射镜上单位面积的(在静系中量得的)能量显然是 $A^2/8\pi(V\cos\varphi - v)$。单位时间内离开反射镜的单位面积的能量是 $A'''^2/8\pi(-V\cos\varphi''' + v)$。由能量守恒原理,这两式的差就是单位时间内光压所做的功。如果我们设这功等于乘积 $P\cdot v$,此处 P 是光压,那末我们就得到:

$$P = 2\frac{A^2}{8\pi}\frac{\left(\cos\varphi - \frac{v}{V}\right)^2}{1 - \left(\frac{v}{V}\right)^2}.$$

就第一级近似而论,我们得到一个同实验一致,也同别的理论一致的结果,即

$$P = 2\frac{A^2}{8\pi}\cos^2\varphi.$$

关于动体的一切光学问题,都能用这里所使用的方法来解决。其要点在于,把受到一动体影响的光的电力和磁力,变换到一个相对于该物体静止的坐标系中去。通过这种办法,动体光学的全部问题将归结为一系列静体光学的问题。

9. 考虑到运流电流的麦克斯韦—赫兹方程的变换

我们从下列方程出发:

$$\frac{1}{V}\left\{u_x\rho + \frac{\partial X}{\partial t}\right\} = \frac{\partial N}{\partial y} - \frac{\partial M}{\partial z}, \quad \frac{1}{V}\frac{\partial L}{\partial t} = \frac{\partial Y}{\partial z} - \frac{\partial Z}{\partial y},$$

$$\frac{1}{V}\left\{u_y\rho + \frac{\partial Y}{\partial t}\right\} = \frac{\partial L}{\partial z} - \frac{\partial N}{\partial x}, \quad \frac{1}{V}\frac{\partial M}{\partial t} = \frac{\partial Z}{\partial x} - \frac{\partial X}{\partial z},$$

$$\frac{1}{V}\left\{u_z\rho + \frac{\partial Z}{\partial t}\right\} = \frac{\partial M}{\partial x} - \frac{\partial L}{\partial y}, \quad \frac{1}{V}\frac{\partial N}{\partial t} = \frac{\partial X}{\partial y} - \frac{\partial Y}{\partial x}.$$

此处

$$\rho = \frac{\partial X}{\partial x} + \frac{\partial Y}{\partial y} + \frac{\partial Z}{\partial z}$$

表示电荷密度的4π倍,而(u_x, u_y, u_z)表示电荷的速度矢量。如果我们设想电荷是同小刚体(离子、电子)牢固地结合在一起的,那末这些方程就是洛伦兹的动体电动力学和光学的电磁学基础。

设这些方程在K系中成立,借助于第3节和第6节的变换方程,把它们变换到k系中去,我们得到方程:

$$\frac{1}{V}\left\{u_\xi\rho' + \frac{\partial X'}{\partial \tau}\right\} = \frac{\partial N'}{\partial \eta} - \frac{\partial M'}{\partial \zeta}, \quad \frac{1}{V}\frac{\partial L'}{\partial \tau} = \frac{\partial Y'}{\partial \zeta} - \frac{\partial Z'}{\partial \eta},$$

$$\frac{1}{V}\left\{u_\eta\rho' + \frac{\partial Y'}{\partial \tau}\right\} = \frac{\partial L'}{\partial \zeta} - \frac{\partial N'}{\partial \xi}, \quad \frac{1}{V}\frac{\partial M'}{\partial \tau} = \frac{\partial Z'}{\partial \xi} - \frac{\partial X'}{\partial \zeta},$$

$$\frac{1}{V}\left\{u_\zeta\rho' + \frac{\partial Z'}{\partial \tau}\right\} = \frac{\partial M'}{\partial \xi} - \frac{\partial L'}{\partial \eta}, \quad \frac{1}{V}\frac{\partial N'}{\partial \tau} = \frac{\partial X'}{\partial \eta} - \frac{\partial Y'}{\partial \xi},$$

此处

$$\frac{u_x - v}{1 - \dfrac{u_x v}{V^2}} = u_\xi,$$

$$\frac{u_y}{\beta\left(1 - \dfrac{u_x v}{V^2}\right)} = u_\eta,$$

$$\frac{u_z}{\beta\left(1 - \dfrac{u_x v}{V^2}\right)} = u_\zeta,$$

以及

$$\rho' = \frac{\partial X'}{\partial \xi} + \frac{\partial Y'}{\partial \eta} + \frac{\partial Z'}{\partial \zeta} = \beta\left(1 - \frac{vu_x}{V^2}\right)\rho.$$

因为,由速度的加法定理(第5节)得知,矢量(u_ξ,u_η,u_ζ)实际上是在k系中量得的电荷的速度,所以我们就证明了:根据我们的运动学原理,洛伦兹的动体电动力学理论的电动力学基础与相对性原理相符。

此外,我还可以简要地说一下,由已经得到的方程可以容易地导出如下的重要定律:如果一个带电体在空间中无论怎样运动,并且从一个同它一道运动的坐标系来看,它的电荷不变,那末从"静"系K来看,它的电荷也保持不变。

10. (缓慢加速的)电子的动力学

设有一电荷为ε的带电粒子(以后叫"电子")在电磁场中运动,我们只假定它的运动定律如下:

如果这电子在某特定时刻是静止的,那末只要电子的运动是缓慢的,在随后的瞬间其运动就遵循如下方程

$$\mu\frac{d^2x}{dt^2}=\varepsilon X,$$

$$\mu\frac{d^2y}{dt^2}=\varepsilon Y,$$

$$\mu\frac{d^2z}{dt^2}=\varepsilon Z,$$

此处x,y,z表示电子的坐标,μ表示电子的质量。

第二步,设电子在某一时刻的速度是v。我们来求电子在随后时刻的运动定律。

不失普遍性,我们不妨假定,电子在我们注意观察它的时候位于坐标原点上,并且沿着K系的X轴以速度v运动着。很明显,在给定的时刻($t=0$),电子相对于那个以恒定速度v平行于X轴运动的坐标系k是静止的。

从上面所作的假定,结合相对性原理,很明显地,由k系看来,在随

后紧接的时间(对于很小的 t 值)里,电子遵照如下方程而运动:

$$\mu \frac{d^2\xi}{d\tau^2} = \varepsilon X',$$

$$\mu \frac{d^2\eta}{d\tau^2} = \varepsilon Y',$$

$$\mu \frac{d^2\zeta}{d\tau^2} = \varepsilon Z',$$

在这里,$\xi, \eta, \zeta, \tau, X', Y', Z'$ 这些符号都是参照于 k 系的。如果我们进一步规定,当 $t = x = y = z = 0$ 时,$\tau = \xi = \eta = \zeta = 0$,那末第 3 节和第 6 节的变换方程有效,于是我们得到

$$\tau = \beta\left(t - \frac{v}{V^2}x\right),$$

$$\zeta = \beta(x - vt), \quad X' = x,^*$$

$$\eta = y, \qquad\qquad Y' = \beta\left(Y - \frac{v}{V}N\right),$$

$$\zeta = z, \qquad\qquad Z' = \beta\left(Z + \frac{v}{V}M\right).$$

借助于这些方程,我们把前述的运动方程从 k 系变换到 K 系,就得到:

$$\frac{d^2x}{dt^2} = \frac{\varepsilon}{\mu}\frac{1}{\beta^3}X,$$

$$\frac{d^2y}{dt^2} = \frac{\varepsilon}{\mu}\frac{1}{\beta}\left(Y - \frac{v}{V}N\right), \qquad\qquad (\text{A})$$

$$\frac{d^2z}{dt^2} = \frac{\varepsilon}{\mu}\frac{1}{\beta}\left(Z + \frac{v}{V}M\right).$$

依照通常考虑的方法,我们现在来探究运动电子的"纵"质量和"横"质量。我们把方程组(A)写成如下形式

$$\mu\beta^3\frac{d^2x}{dt^2} = \varepsilon X = \varepsilon X',$$

---

* 原文如此。应为 $X' = X$。——译者

$$\mu\beta^2\frac{d^2y}{dt^2}=\varepsilon\beta\left(Y-\frac{v}{V}N\right)=\varepsilon Y',$$

$$\mu\beta^2\frac{d^2z}{dt^2}=\varepsilon\beta\left(Z+\frac{v}{V}M\right)=\varepsilon Z',$$

首先要注意到，$\varepsilon X'$，$\varepsilon Y'$，$\varepsilon Z'$是作用在该电子上的有质动力的分量，而且是从此刻正同该电子一道以同样速度运动着的坐标系中来考察的。（比如，这个力可用一个静止在上述的坐标系中的弹簧秤来量出。）如果我们把这个力直截了当地叫做[13]"作用在电子上的力"，并且保持这样的方程

质量×加速度=力，

而且假定加速度在静系K中进行量度，那末，上述方程便导致定义：

$$纵质量=\frac{\mu}{\left(\sqrt{1-\left(\frac{v}{V}\right)^2}\right)^3},$$

$$横质量=\frac{\mu}{1-\left(\frac{v}{V}\right)^2}.$$

当然，用力和加速度的另一种定义，我们就会得到另外的质量数值；由此可见，在比较不同的电子运动理论时，我们必须非常谨慎。

应注意，这些关于质量的结果也适用于有质的质点上，因为一个有质的质点加上一个**任意小**的电荷，就能成为一个（我们所讲的）电子。

我们现在来确定电子的动能。如果一个电子本来在K系的坐标原点上，起始速度为0，在一个静电力X的作用下，沿着X轴运动，那末很清楚，它从这静电场中所取得的能量值为$\int\varepsilon Xdx$。因为这个电子假定是缓慢加速的，所以不会以辐射的形式丧失能量。那末从静电场中取得的能量必定等于该电子的动能W。我们注意到，在所考察的整个运动过程中，方程组（A）中的第一个方程始终适用，我们于是得到：

$$W = \int \varepsilon X dx = \int_0^v \beta^3 v dv = \mu V^2 \left\{ \frac{1}{\sqrt{1 - \left(\frac{v}{V}\right)^2}} - 1 \right\}.$$

由此，当 $v = V$ 时，W 就变成无限大。正像我们以前的结果一样，超光速的速度没有存在的可能。

根据上述的论据，动能的这个式子也同样适用于有质体。

我们现在列举电子运动的一些性质，它们都是从方程组（A）得出的，并且可以用实验来验证。

1. 从方程组（A）的第二个方程得知，若电力 Y 和磁力 N 满足 $Y = Nv/V$，则它们对于一个以速度 v 运动着的电子产生同样强弱的偏转效应。由此可见，用我们的理论，从对于任意速度的磁偏转力 A_m 同电偏转力 A_e 的比率就有可能测定电子的速度，这只要用到定律：

$$\frac{A_m}{A_e} = \frac{v}{V}.$$

这个关系可由实验来验证，因为电子的速度也是能够直接测量的，比如可以用迅速振荡的电场和磁场来量出。

2. 从关于电子动能的推导得知，在电子所通过的势差 P 同电子所得到的速度 v 之间，必定有这样的关系：

$$P = \int X dx = \frac{\mu}{\varepsilon} V^2 \left\{ \frac{1}{\sqrt{1 - \left(\frac{v}{V}\right)^2}} - 1 \right\}.$$

3. 当存在着一个同电子的速度相垂直的磁力 N 时（作为唯一的偏转力），我们来计算在这磁力作用下的电子路径的曲率半径 R。由方程组（A）中的第二式，我们得到：

$$-\frac{d^2 y}{dt^2} = \frac{v^2}{R} = \frac{\varepsilon}{\mu} \frac{v}{V} N \cdot \sqrt{1 - \left(\frac{v}{V}\right)^2}$$

或者

$$R = V^2 \frac{\mu}{\varepsilon} \frac{\dfrac{v}{V}}{\sqrt{1 - \left(\dfrac{v}{V}\right)^2}} \cdot \frac{1}{N}.$$

　　根据这里所提出的理论,这三项关系乃是电子运动所必须遵循的定律的完备表述。

　　最后,我要声明,在研究这里所讨论的问题时,我曾得到我的朋友和同事贝索的热诚帮助,我要感谢他提出的一些有价值的建议。

(Annalen der Physik 17〔1905〕:891—921)

编者注

1. 在1913年的重印本中,在"适用"之后加了一个注:"意思是,'在一级近似上适用。'"如果爱因斯坦并未给这篇论文写过补注的话,那末某些注解的内容表明这是征求过他的意见的。

2. 爱因斯坦引入了符号 $\varXi, H, Z$ 表示动系的 x', y', z' 轴上的坐标。

3. 在1913年重印本中,在本行末加了如下的注:"洛伦兹变换方程可以更简单地从下述条件推导出来,即作为这些方程的推论,关系 $\xi^2 + \eta^2 + \zeta^2 - V^2\tau^2 = 0$,将有另一个关系 $x^2 + y^2 + z^2 - V^2 t^2 = 0$ 作为推论。"

4. 见前注。

5. 这个结果后来称为"时钟佯谬"。在1911年,似乎是朗之万首先引入了人类旅行者,从而导致了另一个名称"双生子佯谬"。

6. 在1913年重印本中,在"摆轮钟"一词之后加了如下的注:"与'摆钟'相反,后者从物理学观点看来乃是一个地球从属于它的系统;这必须予以排除。"

7. 这个分数应该是 $\dfrac{w_\eta}{w_\xi}$。

8. "动磁力"(motional magnetic force)这个术语是亥维赛(Heaviside)引入的。爱因斯坦后来把"磁动力"(magnetomotive force)定义为作用在通过电场运动的单位磁荷上的力。相当于讨论"电动力"时所用的近似阶,磁动力由 $-1/V[\mathbf{v}, \mathbf{E}]$ 给出,其中 $\mathbf{E} = (L, M, N)$,$\mathbf{v} = (v, 0, 0)$,方括号是一个矢量积。

9. 爱因斯坦在一个重印本中,改正为"对于 $v = -V$,$\nu = \infty$"。*

10. 在同一重印本中,"'光源—观察者'连线"被删去,在其间插入了"运动方向"。

11. α 应当是 φ。

12. 在一个重印本中,最后一项的分母改正为"$1 - (v/V)^2$"。

---

　　* 原文如此。应为"对于 $v = -V$,$\nu' = \infty$"。——译者

13. 在1913年重印本中，在"叫做"后面加了一个注："这里给出的力的定义有缺点，最先是由普朗克指出的。代之以这样的方式来定义力才是恰当的，这种定义方式使得动量和能量守恒定律取最简单的形式。"

物体的惯性同它所含的能量有关吗?

前不久我在本刊* 发表的电动力学研究结果导致一个非常有趣的结论,这里要把它推导出来。

在前一研究中,我所根据的是关于真空的麦克斯韦—赫兹方程和关于空间电磁能的麦克斯韦表达式,另外还加上如下一条原理:

物理系统的状态据以变化的定律,同描述这些状态变化时所参照的坐标系究竟是用两个在互相匀速平行移动着的坐标系中的哪一个并无关系(相对性原理)。

我在这些基础** 上,推导出了下面这样一个结果(参见上述引文,第8节):

设有一组平面光波,参照于坐标系(x,y,z),它具有能量l;设光线的方向(波面法线)同坐标系的x轴相交成φ角。如果我们引进一个对坐标系(x,y,z)做匀速平行移动的新坐标系(ξ,η,ζ),它的坐标原点以速度v沿x轴运动,那末这道光线——在(ξ,η,ζ)系中量出——具有能量:

$$l^* = l \frac{1 - \dfrac{v}{V}\cos\varphi}{\sqrt{1 - \left(\dfrac{v}{V}\right)^2}},$$

---

* A. Einstein, *Ann. d. Phys.* 17 (1905): 891.[见论文 3]

** 那里所用到的光速不变原理当然包含在麦克斯韦方程里面了。

此处 V 表示光速。以后我们要用到这个结果。

设在坐标系 (x,y,z) 中有一个静止的物体,它的能量——参照于 (x,y,z) 系——是 E_0。设这个物体的能量相对于一个如上所述以速度 v 运动着的 (ξ,η,ζ) 系是 H_0。

设该物体发出一列平面光波,其方向同 x 轴交成 φ 角,能量为 $L/2$ [相对于 (x,y,z) 量出],同时在相反方向也发出等量的光。在这过程中,该物体对 (x,y,z) 系保持静止。能量守恒原理必定适用于这一过程,而且(根据相对性原理)对于两个坐标系都是适用的。如果我们把这个物体在发光后的能量,对于 (x,y,z) 系和对于 (ξ,η,ζ) 系量出的值,分别叫做 E_1 和 H_1,那末利用上面所给的关系,我们就得到:

$$E_0 = E_1 + \left[\frac{L}{2} + \frac{L}{2}\right],$$

$$H_0 = H_1 + \left[\frac{L}{2}\frac{1 - \frac{v}{V}\cos\varphi}{\sqrt{1 - \left(\frac{v}{V}\right)^2}} + \frac{L}{2}\frac{1 + \frac{v}{V}\cos\varphi}{\sqrt{1 - \left(\frac{v}{V}\right)^2}}\right]$$

$$= H_1 + \frac{L}{\sqrt{1 - \left(\frac{v}{V}\right)^2}}.$$

把这两个方程相减,我们得到:

$$(H_0 - E_0) - (H_1 - E_1) = L\left[\frac{1}{\sqrt{1 - \left(\frac{v}{V}\right)^2}} - 1\right].$$

在这个表示式中,以 $H - E$ 这样的形式出现的两者差,具有简明的物理意义。H 和 E 是这同一物体参照于两个彼此相对运动着的坐标系的能量,而且这物体在其中一个坐标系 $[(x,y,z)$ 系] 中是静止的。所以很明显,对于另一坐标系 $[(\xi,\eta,\zeta)$ 系] 来说,$H - E$ 这个差所不同于这物体的动能 K 的,只在于一个附加常量 C,而这个常量取决于对能量 H 和 E 的任意附加常量的选择。由此我们可以设:

$$H_0 - E_0 = K_0 + C,$$

$$H_1 - E_1 = K_1 + C,$$

因为 C 在光发射时是不变的。所以我们得到：

$$K_0 - K_1 = L\left[\frac{1}{\sqrt{1 - \left(\dfrac{v}{V}\right)^2}} - 1\right].$$

对于 (ξ, η, ζ) 来说，这个物体的动能由于光的发射而减少了，并且所减少的量同物体的性质无关。此外，$K_0 - K_1$ 这个差，像电子的动能（参看上述引文第10节）一样，是同速度有关的。

略去第4阶和更高阶的［小］量，我们可得到[1]

$$K_0 - K_1 = \frac{L}{V^2}\frac{v^2}{2}.$$

从这个方程可以直接得出结论：

如果有一物体以辐射形式放出能量 L，那末它的质量就要减少 L/V^2。至于物体所失去的能量变成辐射能，在这里显然是无关紧要的，于是我们被引到了这样一个更加普遍的结论上来：

物体的质量是它所含能量的量度；如果能量改变了 L，那末质量也就相应地改变 $L/9\cdot10^{20}$，此处能量是用尔格来计量，质量是用克来计量。

用那些所含能量是高度可变的物体（比如用镭盐）来验证这个理论，不是不可能成功的。

如果这一理论同事实符合，那末在发射体和吸收体之间，辐射在传递着惯性。

$$(\textit{Annalen der Physik } 18\ [1905]:639\text{——}641)$$

编者注

　　1. 爱因斯坦为了计算物体静止质量的变化，使用了物体动能的牛顿极限。

第四篇

爱因斯坦关于量子假说的早期工作

爱因斯坦在伯尔尼，1905 年左右

（新罕布什尔大学，洛特·雅可比档案馆）

爱因斯坦在描述他1905年的论文时,只突出地表示论文5是革命性的(见导言,第2页)。因为它向麦克斯韦光学理论的无限有效性提出了挑战,提示了光量子的存在,所以今天人们仍然认为它是革命性的。论文5表明,在频率足够高时,平衡热(或"黑体")辐射的熵的行为,就像辐射是由独立的"光能量子"(或简称"光量子")气体所组成,每一个光量子的能量与相应波的频率成正比。爱因斯坦表明了如何通过假设光与物质的相互作用就是由发射或吸收这类光量子所构成,来说明几个不同的疑难费解的现象。

早在1905年以前,爱因斯坦就熟悉了黑体辐射。在1897年或此后不久,爱因斯坦读过马赫的《热学》,此书有两章是谈热辐射的,在讨论基尔霍夫的工作中告终。基尔霍夫表明完全黑体(定义为吸收全部入射辐射者)在一给定温度的能量发射谱是物体温度和辐射的波长之通用函数。他推论说,维持在某一温度的、在一个具有四壁的空腔中平衡的热辐射,其性状与同一温度的黑体发出的辐射相像。

韦伯是爱因斯坦在联邦工业大学(ETH)的物理学教授,是试图决定通用黑体辐射函数的那些人之一。他测量了能量谱并提出了分布函数经验公式。他指明,作为他的公式 $\lambda_m = $ 常量$/T$(其中λ_m是具有极大温度分布强度的波长)的推论,就预期了维恩关于黑体辐射位移定律的表述。韦伯在1898—1899年冬季学期的课程中介绍了他的工作,爱因斯坦听了这门课程。

爱因斯坦立刻开始认真思考黑体辐射问题。到1901年春,他紧密跟踪着普朗克关于黑体辐射的工作。起初,普朗克希望通过研究电磁辐射来说明物理过程的不可逆性;最后他认识到在论证中如不引进统计因素,就不可能做到这一点。在1897年到1900年间的一系列论文中,普朗克利用麦克斯韦的电动力学,创立了一个热辐射与空腔中一个或更多个相同的荷电谐振子相互作用的理论。他只能说明辐射对热平衡的不可逆途径,使用的方法类似于玻尔兹曼在分子动理论中所用的方法。普朗克引入了"天然的"(即最无序的)辐射概念,他把这定义为类似于玻尔兹曼的分子混沌的定义。利用麦克斯韦理论,普朗克导出了一个处于热辐射平衡的频率为ν的荷电振子的平均能量$\bar{E}$与同一频率的辐射在每单位频率间隔ρ_ν里的能量密度的关系式:

$$\bar{E}_\nu = \frac{c^3}{8\pi\nu^2}\rho_\nu. \tag{1}$$

其中c是光速。

普朗克在计算振子平均能量时,作出了关于振子的熵的假设,这使他能导出关于黑体光谱能量密度的维恩定律,它起初似乎得到实验证据颇好的支持。但到世纪之交的新观测表明,与维恩定律在λT取大值时有系统的偏离。

普朗克提出了一个新的能量密度分布公式,与对整个光谱的观测密切相符:[1]

$$\rho_\nu = \frac{8\pi h\nu^3}{c^3}\frac{1}{e^{h\nu/kT}-1}. \tag{2}$$

在这个现在称为普朗克定律或普朗克公式的表达式中,$k = R/N$是玻尔兹曼常量,R是气体常量,N是阿伏伽德罗(或洛施密特)常量,而h是一个新常量(后来称为普朗克常量)。为了导出这一公式,普朗克利用爱因斯坦后来称之为"玻尔兹曼原理"的$S = k\ln W$(其中S是系统的宏观状态的熵,它的概率是W),计算了振子的熵。追随玻尔兹曼,普朗克取状态概率正比于"配容"数,即相应于此状态的系统的可能微观位形。他通过把状态的总能量分为有限个数的相等大小的单元,并对个别振子中这些能量元分布的可能方式的计数,计算了这个配容数。如果令能量元的大小等于$h\nu$,其中ν是振子的频率,那末从一个关于振子熵的表达式最终导出了方程(2)。

虽然爱因斯坦在1901年私下表示对普朗克进路的疑惑,但他在

1904 年以前的论文中并没有提到普朗克或黑体辐射。爱因斯坦于 1902 年和 1904 年间所做的关于统计物理基础的研究,为他提供了分析普朗克的推导并探索其推论所需的工具。至少爱因斯坦的"热的一般分子论"的三个要素对他以后关于量子假说的工作是至关重要的:(1)引入正则系综;(2)如在玻尔兹曼原理中出现的概率解释;(3)研究热平衡中的能量涨落。

1. 在对正则系综的分析中,爱因斯坦证明能量均分定理(见导言,第11页)对处于热平衡中的任何系统成立。在论文5中,他证明,当应用于热辐射平衡的一个荷电谐振子系综时,能量均分定理通过方程(1)得出一个现在称之为瑞利—金斯定律的黑体分布率:

$$\rho_\nu = \frac{8\pi\nu^2}{c^3} kT. \tag{3}$$

尽管方程(3)有经典物理学的严格基础,但它只对小的 ν/T 值符合观测到的能量分布;确实,正如爱因斯坦所指出的,它暗示有一个无限大的总辐射能。

2. 在 1906 年,爱因斯坦提出了一个当时为他和其他人所关注的问题:"为什么普朗克没有得出同样的公式[方程(3)],而是得到了表达式……[方程(2)]?"一个答案是在普朗克关于玻尔兹曼原理中的 W 的定义上,这个定义,如爱因斯坦反复指出的那样,基本上不同于他自己关于概率是时间平均的定义。如上所指出,普朗克解释 W 是正比于系统状态的配容数的。正如爱因斯坦 1909 年所指出的,这样一个关于 W 的定义,相当于把它定义为在长时间里此系统处于这个状态的时间分数的平均,这只有当对应于一既定总能量的所有配容都有同样的概率才是可能的。然而,如果对处于辐射热平衡的一个振子系综,假定这种情况成立,那末就得出瑞利—金斯定律。因此,普朗克定律的有效性暗示一切配容不可能有相同的概率。爱因斯坦证明,如果振子正则系综的能量独断地限制为能量元 $h\nu$ 的整数倍,那末所有可能的配容不具有同样的概率,这样就得出了普朗克定律。

3. 对爱因斯坦关于量子假说至关重要的、他关于统计物理工作的第三个要素,是他的计算热平衡系统状态变量的均方涨落的方法。他用正则系综去计算力学系统中能量的均方涨落,然后大胆地把结果应用到非力学系统的黑体辐射,导出一个与上述维恩位移定律相符的关系式。这个相符提示了统计概念可以应用于辐射,这也可能向爱因斯坦提示了可以把辐射当作一个具有有限个自由度的系统来处理的可能性,他在论文5中一开始就提出了这种可能性。

联系到他1905—1906年关于布朗运动的工作,爱因斯坦发展了计算涨落的补充方法,后来他把这个方法应用于黑体辐射的分析。特别是,他发展了一个基于玻尔兹曼原理的反演方法,它甚至在没有系统的微观模型的情况下也可以使用。如果一个系统的熵作为它的宏观状态变量的一个函数而给出,那末,玻尔兹曼原理,取 $W = \exp(S/k)$ 的形式,可以用来计算一个状态的概率,因此也可以用来计算任何状态变量涨落的概率。1909年,爱因斯坦用这个方法计算了一给定空间区域内黑体辐射能量的涨落。同一篇论文中,用来计算辐射压涨落的随机方法,是以他关于布朗运动的工作为基础的。压力涨落维持了一面通过辐射场运动的小镜子(面对着平均辐射压施加给它的减速力)的布朗运动。关于这些涨落计算结果将在下面讨论。

爱因斯坦关于相对论的工作也对他提出关于光的本质的观点有所贡献。通过消除以太概念并证明辐射能流传输惯性质量,相对论证明了不再需要把光当作在一种假想介质中的扰动来处理,而可以把它看作由独立的结构所组成,这种结构必须被赋予质量。

在爱因斯坦关于量子假说的论文中,论文5是唯一的一篇论证光量子概念而既未使用他的统计论文的形式工具,也未使用普朗克定律的论文。如上面所指出,爱因斯坦证明,只有瑞利—金斯定律(普朗克公式对于小的ν/T值的极限形式)与经典统计力学和麦克斯韦电动力学相一致。在另一个极端,维恩分布定律在那里成立,爱因斯坦论证说:"我们一直使用的理论原理……完全失效了。"如他在那年以后所说明的那样,这种失效"在我看来,其根源在于我们的物理概念的基本不完备性"。[2]

爱因斯坦在论文的开头指出,在当前的物质理论(其中一个物体的能量是从对有限的自由度求和而得)和麦克斯韦理论(其中能量是有无限自由度的场的连续空间函数)之间有"深刻的形式上的差异"。他提出,麦克斯韦理论不能对辐射给出适当的说明,这一缺陷可以由如下的理论来补救,在该理论中,辐射能是不连续地分布在空间之中的。爱因斯坦表述了"光量子假说","从点光源发射出来的光线的能量在传播中不是连续地分布在越来越大的空间体积之中,而是由个数有限的、集中于空间某些点的能量子所组成,这些能量子能够运动,但不能再分割,而只能整个地被吸收或产生出来。"

爱因斯坦利用维恩定律证明,给定频率的辐射熵对体积的依赖性的表达式在形式上相似于一个理想气体的熵的同类表达式。他得出结论说:"低密度单色辐射(在维恩辐射公式有效的范围内)在热力学上的性状犹如它是由量值为$R\beta\nu/N$的彼此独立的能量子所组成。"

论文5除了对理论的贡献,也对好几个观测到的现象作出了巧妙的解释。它考察了光与物质的三种相互作用:荧光的斯托克斯法则,气体被紫外光所电离以及光电效应,把"光当作由这样的能量子所组成"来处理。爱因斯坦提出了一个方程,这个方程后来被称为他的光电方程,

$$E_{max} = (R/N)\beta\nu - P, \tag{4}$$

其中 E_{max} 是光电子的最大动能，$R\beta/N$ 相当于普朗克的 h，ν 是入射辐射的频率，而 P 是金属发射电子的功函数。虽然他对这个方程的推导后来被认为是该论文的最高成就——在他 1922 年获得诺贝尔奖时曾被引为根据——但差不多有 20 年之久，他的这个论证不能说服大多数物理学家相信光量子假说的有效性。爱因斯坦引用的勒纳（Philip Lenard）的实验研究，只为 E_{max} 随频率增加提供定性的证据。差不多有 10 年之久，电子能与辐射频率之间的定量关系是受到怀疑的。大约到 1914年，有大量证据倾向于支持方程（4）。密立根（Robert Millikan）1916 年的研究对几乎所有的物理学家而言是作了定论。但即令确认了爱因斯坦的光电方程，也并未导致光量子概念被广泛接受。有许多年，关于光电效应的另一些不同解释仍受到普遍支持。

关于量子假说最早被广泛接受的经验证据不是来自辐射现象，而是来自固体比热的数据。1907 年，爱因斯坦应用量子假说于固体的原子点阵的模型，这些原子谐和地束缚在平衡位置上。[3]当振子用经典理论来处理时，能量均分定理导致杜隆—珀蒂定律，预测固体比热对所有温度都保持不变。把每一个原子当作量子化的三维谐振子来处理，爱因斯坦能够解释某些固体的比热随着温度的降低显示众所周知的反常减小，并得到关于固体比热与它的红外辐射选择吸收之间的一个关系式。

爱因斯坦长期以来就感到有这样一种联系存在。或许是在普朗克工作的鼓舞下，1901 年爱因斯坦曾猜想，是否固体和液体的内动能可设想为"电共振子的能量"。如果这有可能，那末"比热和物体的吸收光谱必定有联系"。[4]他曾试图把这个模型同对杜隆—珀蒂定律的偏离联系起来。

1907 年，爱因斯坦还引进了能量子，避免了能量均分定理与固体比热的牵连，就像他避免了能量均分定理与辐射理论的牵连一样。从量子化振子的平均能量,爱因斯坦求出单原子固体比热作为 $\beta T/\nu$ 的函数的表达式。这个表达式随着温度降低而逐渐接近于0,而在高温时接近于杜隆—珀蒂的值。考虑到模型的简化性质,此表达式相当好地符合韦伯关于金刚石的数据。

也可以由德鲁德的光色散理论与吸收值建立一种联系。德鲁德表明,固体的红外光本征频率是由于点阵离子的振动,而电子则对紫外本征频率负责。在室温时,爱因斯坦的比热表达式的值对于大多数固体来说,在频率完全处于红外区域时实际上成为零,而对甚至更低的频率则增加到了杜隆—珀蒂值,爱因斯坦的结论是只有点阵离子和原子对固体比热有贡献,此外,如果固体呈现红外吸收共振,它的比热对温度的依赖性可以由这些共振频率决定。

1910年,能斯特和他的助手林德曼(Frederick A. Lindemann)得到的关于许多固体的比热随温度变化的观测结果与爱因斯坦的预测一般相符。1911年,能斯特报道了在辐射场之外对量子假说的首次确认,说:"观测从总体上来说显然卓越地确认了普朗克和爱因斯坦的量子假说。"[5]

编者注

1. Planck, *Annalen der Physik* 1 (1900): 719—737.

2. Einstein, "Zur Theorie der Brownschen Bewegung," *Collected Papers*, vol. 2, doc. 32, pp. 334—345.

3. "Planck's Theory of Radiation and the Theory of Specific Heats," *Annalen der Physik* 22 (1907): 180—190, reprinted in *Collected Papers*, vol. 2, doc. 38, pp. 379—389.

4. Albert Einstein to Mileva Marić, 23 March 1901, *Collected Papers*, vol. 1, doc. 93.

5. "Untersuchungen über die spezifische Waerme bei tiefen Temperaturen. III," *Koeniglich Preussische Akademie der Wissenschaften* (Berlin), *Sitzungsberichte* (1911), p. 310.

关于光的产生和转化的
一个试探性观点

在物理学家关于气体或其他有质体所形成的理论观念同麦克斯韦关于所谓真空中的电磁过程的理论之间,有着深刻的形式上的差异。这就是,我们认为一个物体的状态是由数目固然很大但还是有限个数的原子和电子的坐标和速度来完全确定的;与此相反,为了确定一个空间区域的电磁状态,我们就需要用连续的空间函数,因此,为了完全确定一个空间的电磁状态,就不能认为有限个数的物理量就足够了。按照麦克斯韦的理论,对于一切纯电磁现象因而也对于光来说,应当把能量看成是连续的空间函数,而按照物理学家现在的看法,一个有质体的能量,则应当用其中原子和电子所带能量的总和来表示。一个有质体的能量不可能分成任意多个、任意小的部分,而按照麦克斯韦理论(或者更一般地说,按照任何波动理论),从一个点光源发射出来的光线的能量,则是在一个不断增大的体积中连续地传播开的。

用连续空间函数来运算的光的波动理论,在描述纯粹的光学现象时,已被证明是十分卓越的,似乎很难用任何别的理论来替换。可是,不应当忘记,光学观测都同时间平均值有关,而不是同瞬时值有关;而且尽管衍射、反射、折射、色散等等理论完全为实验所确认,但仍完全可以设想，当人们把用连续空间函数进行运算的光的理论应用到光的发射和转化的现象上去时，这个理论会导致矛盾。

确实，在我看来，关于"黑体辐射"、光致发光、紫外光产生阴极射线，以及其他一些有关光的发射和转化的现象的观察，如果用光的能量在空间中不是连续地分布的这种假说来解释，似乎就更容易理解。按照这里所设想的假设，从点光源发射出来的光线的能量在传播中不是连续地分布在越来越大的空间体积之中，而是由个数有限的、集中于空间某些点的能量子所组成，这些能量子能够运动，但不能再分割，而只能整个地被吸收或产生出来。

在本文中我将叙述一下我的思路，并且援引一些引导我走上这条道路的事实，我希望这里所要说明的方法对一些研究工作者在他们的研究中或许会显得有用。

1. 关于"黑体辐射"理论面临的一个困难

让我们首先仍采用麦克斯韦理论和电子论的观点来考察下述情况。设在一个由完全反射壁围住的空间中，有一定数目的气体分子和电子，它们能够自由地运动，而且当它们彼此很靠近时，相互施以保守力的作用，也就是说，它们能够像遵循气体动理论的分子那样相互碰撞。*此外，还假设有一定数目的电子被某些力束缚在这空间中一些相距很远的点上，力的方向指向这些点，其大小同电子与各点的距离成正比。当自由的[气体]分子和电子很靠近这些[束缚]电子时，这些电子同自由的分子和电子之间也应当发生保守[力]的相互作用。我们称这

---

* 这个假定同下面的假设有同样的意义，那就是认为在热平衡时气体分子和电子的平均动能是彼此相等的。如所周知，德鲁德先生曾利用上述假设推导出金属的导热率和导电率之比的理论表达式。

些束缚在空间点上的电子为"共振子";它们发射一定周期的电磁波,也吸收同样周期的电磁波。

按照有关光的产生的现代观点,在我们所考察的空间体积中,根据麦克斯韦理论处于动态平衡情况下的辐射,应当与"黑体辐射"完全等同——至少当我们假定一切具有应加以考虑的频率的共振子都存在时是这样。

我们暂且不考虑共振子发射和吸收的辐射,而深入探讨同分子和电子的相互作用(碰撞)相对应的动态平衡的条件问题。气体动理论为动态平衡提出的条件是:一个电子共振子的平均动能必须等于一个气体分子平移运动的平均动能。如果我们把电子共振子的运动分解为三个相互垂直的[分]振动,那末我们求得这样一个线性[分]振动的能量的平均值$\bar{E}$为

$$\bar{E} = \frac{R}{N}T \ ,$$

这里R是普适气体常量,N是1摩尔的"真实分子"[1]数,而T是绝对温度。由于共振子的动能和势能对于时间的平均值相等,所以能量$\bar{E}$等于自由单原子气体分子的动能的2/3。如果现在不论由于哪一种原因——在我们的情况下由于辐射过程——使一个共振子的能量具有大于或小于$\bar{E}$的时间平均值,那末,它同自由电子和分子的碰撞将导致气体得到或丧失平均不等于零的能量。因此,在我们所考察的情况中,只有当每一个共振子都具有平均能量$\bar{E}$时,动态平衡才有可能。

现在我们进一步对共振子同空间中存在的辐射之间的相互作用作类似的考虑。普朗克先生曾假定可将辐射看作一种所能完全想象得到的最无序的过程,*在这种假定下,他推导出了这种情况下动态平衡的

---

* M. Planck, *Ann. d. Phys.* 1 (1900): 99.

条件。*他得到：

$$\bar{E}_\nu = \frac{L^3}{8\pi\nu^2}\rho_\nu .$$

这里$\bar{E}_\nu$是本征频率为ν的一个共振子（每单位频率区间）的平均能量，L是光速，ν是频率，而$\rho_\nu d\nu$是频率介于ν和$\nu + d\nu$之间的那部分辐射在每个单位体积中的能量。

频率为ν的辐射，如果其能量总的说来既不持续减少，又不持续增加，那末，下式

$$\frac{R}{N}T = \bar{E} = \bar{E}_\nu = \frac{L^3}{8\pi\nu^2}\rho_\nu ,$$

$$\rho_\nu = \frac{R}{N}\frac{8\pi\nu^2}{L^3}T .^3$$

必定成立。

作为动态平衡的条件而找到的这些关系，不但不符合实验，而且它还表明，在我们的图像中，根本不可能谈到以太和物质之间有什么确定的能量分布。确实，共振子的振动频率范围选得愈广，空间体积中的总

---

* 这个假定可以表述如下。我们把在$t = 0$到$t = T$的时间间隔中（这里的T是一个比所有应加考察的振动周期都大得多的时间）在所讨论的空间范围内任意一点的电力(Z)的Z分量展开为一个傅里叶级数

$$Z = \sum_{\nu=1}^{\nu=\infty} A_\nu \sin\left(2\pi\nu\frac{t}{T} + \alpha_\nu\right),$$

其中$A_\nu \geqslant 0$，并且$0 \leqslant \alpha_\nu \leqslant 2\pi$。如果人们设想就在这同一空间点上，以随机选定的时间为初始点，把这样一种展开进行任意多次，那末，我们就为量A_ν和α_ν得到了各种不同的数值组。于是，对于量A_ν和α_ν的不同的数值组合的出现频率来说，存在着具有下列形式的（统计）概率dW

$$dW = f(A_1 A_2 \cdots \alpha_1 \alpha_2 \cdots)dA_1 dA_2 \cdots d\alpha_1 d\alpha_2 \cdots$$

于是，当

$$f(A_1, A_2 \cdots \alpha_1, \alpha_2 \cdots) = F_1(A_1)F_2(A_2)\cdots f_1(\alpha_1)\cdot f_2(\alpha_2)\cdots,$$

也就是说，当量A或x取某一特定值的概率依次同别的A和α值无关时，[2]辐射将是所能想象的最无序的一种。所以，依赖于特殊的共振子群的发射和吸收过程的个别各对量A_ν和α_ν愈接近满足这一条件，那末，在我们所考察的情况中，辐射将愈接近于可看成是"所能想象的最无序的"一种。

辐射能就会变得愈大,而在极限情况下我们得到:

$$\int_0^\infty \rho_\nu d\nu = \frac{R}{N}\frac{8\pi}{L^3}T\int_0^\infty \nu^2 d\nu = \infty.$$

2. 关于普朗克对基本量子[4]的确定

下面我们要指出,普朗克先生所作出的对基本量子的确定,在一定程度上同他所创立的"黑体辐射"理论无关。

迄今为止,所有实验都能满足的关于ρ_ν的普朗克公式[*] 是:

$$\rho_\nu = \frac{\alpha\nu^3}{e^{\frac{\beta\nu}{T}} - 1},$$

其中

$$\alpha = 6.10 \times 10^{-56},$$

$$\beta = 4.866 \times 10^{-11}.$$

对于大的T/ν值,即对于大的波长和辐射密度值,这个公式在极限情况下变成下面的形式:

$$\rho_\nu = \frac{\alpha}{\beta}\nu^2 T.$$

人们看到,这个公式是同第1节中用麦克斯韦理论和电子论所求得的公式相符的。通过使这两个公式的系数相等,我们得到:

$$\frac{R}{N}\frac{8\pi}{L^3} = \frac{\alpha}{\beta},$$

或者

$$N = \frac{\beta}{\alpha}\frac{8\pi R}{L^3} = 6.17 \times 10^{23},$$

这就是说,一个氢原子重$1/N$克 $= 1.62 \times 10^{-24}$克。这正好是普朗克先生所求得的数值,它又同用其他方法求得的关于这个量的数值令人满意

* M. Planck, *Ann. d. Phys.* 4 (1901): 561.

地相符合。

我们因此得出结论：辐射的能量密度和波长值愈大，我们一直在用的理论基础就被证明愈适用；但是，对于短波长和低辐射密度的情形，我们的理论基础就完全不适用了。

下面我们将不以建立辐射的发射和传播的模型为根据，而从与实验事实的联系上来对"黑体辐射"进行考察。

3. 关于辐射的熵

下面的考察已经包含在维恩先生的著名论文中了，而这里只是为了完整起见才加以引述的。

设有一种辐射，它占有的体积为 v。我们假设，当这辐射的密度 $\rho(\nu)$ 对于一切频率都是已经给定了的时候，这种辐射的可观察的性质就完全确定了。* 因为不同频率的辐射可以看成是不用做功或输热就可以相互分离的，所以辐射的熵可以用下式表示：

$$S = v \int_0^\infty \varphi(\rho, \nu)\, d\nu,$$

这里 φ 是变量 ρ 和 ν 的函数。辐射在反射壁之间经过绝热压缩后，它的熵不会改变，肯定这一陈述，φ 就可以简化为单个变量的函数。可是我们不想深入讨论这个问题，而将立即研究如何能从黑体辐射定律求得这个函数 φ。

对于"黑体辐射"来说，ρ 是 ν 的这样一个函数，它使得熵在给定能量值的情况下为极大，也就是说，当

$$\delta \int_0^\infty \rho\, d\nu = 0$$

---

* 这个假设是一个任意的假设。自然，只要实验不迫使我们放弃它，我们将一直坚持这个最简单的假设。

时，

$$\delta \int_0^\infty \varphi(\rho, \nu)\, d\nu = 0.$$

由此得出，对于作为 ν 的函数的 $\delta\rho$ 的每一个选择，都得到

$$\int_0^\infty \left(\frac{\partial \varphi}{\partial \rho} - \lambda \right) \delta\rho\, d\nu = 0,$$

这里 λ 同 ν 无关。因此，在黑体辐射的情况下，$\partial\varphi/\partial\rho$ 同 ν 无关。

体积 $v=1$ 的黑体辐射当温度增加 dT 时，等式

$$dS = \int_{\nu=0}^{\nu=\infty} \frac{\partial \varphi}{\partial \rho} d\rho\, d\nu$$

成立；或者，既然 $\partial\varphi/\partial\rho$ 同 ν 无关，所以

$$dS = \frac{\partial \varphi}{\partial \rho} dE.$$

因为 dE 等于所输入的热量，而这过程又是可逆的，所以

$$dS = \frac{1}{T} dE$$

也成立。通过比较，我们得到：

$$\frac{\partial \varphi}{\partial \rho} = \frac{1}{T}.$$

这就是黑体辐射定律。于是，我们可以从函数 φ 推导黑体辐射定律，反过来，也可以通过对后者积分，并考虑到 $\rho=0$ 时 φ 也等于零的情况，而决定函数 φ。

4. 在低辐射密度的情况下单色辐射熵的极限定律

虽然到目前为止，关于"黑体辐射"的观察都得知，原先由维恩先生建立的关于"黑体辐射"的定律

$$\rho = \alpha \nu^3 e^{-\beta \frac{\nu}{T}}$$

并不是严格有效的。但是，对于大的 ν/T 值，这个定律被实验很充分地确认了。我们将把这个公式作为我们计算的基础，但是要记住，我们的结果只在一定范围内适用。

从这个公式首先得到：

$$\frac{1}{T} = -\frac{1}{\beta\nu}\ln\frac{\rho}{\alpha\nu^3} ,$$

然后，应用上节所求得的关系式，得到：

$$\varphi(\rho,\nu) = -\frac{\rho}{\beta\nu}\left\{\ln\frac{\rho}{\alpha\nu^3} - 1\right\}.$$

假定现在有一种能量为 E 的辐射，它的频率介于 ν 到 $\nu+d\nu$ 之间，占有体积 v。这种辐射的熵是：

$$S = v\varphi(\rho,\nu)d\nu = -\frac{E}{\beta\nu}\left\{\ln\frac{E}{v\alpha\nu^3 d\nu} - 1\right\}.\text{ }[5]$$

如果我们只限于研究熵对辐射所占体积的依赖关系，而且我们用 S_0 来表示辐射在占有体积 v_0 时的熵，那末我们就得到：

$$S - S_0 = \frac{E}{\beta\nu}\ln\left(\frac{v}{v_0}\right).$$

这个等式表明，密度足够低的单色辐射的熵，按照类同于理想气体或稀溶液的熵的定律随体积而变化。对刚才求得的这个等式，在下面将根据玻尔兹曼先生引进物理学中的一个原理作出解释，按照这一原理，一个体系的熵是它的状态的概率函数。

5. 用分子论研究气体和稀溶液的熵对体积的依赖关系

在用分子论方法计算熵时，常常要用到"概率"这个词，但是它的意义同概率论中所作的定义并不相符。特别是在有些情况中，所用的理论图像已经足够确定到允许采用演绎法而不用假说性规定，但往往还是假说性地规定了"等概率的情况"。我将在一篇单独的论文中证明，人们在考察热过程时，有了所谓"统计概率"就完全够用了，从而希望把仍在阻碍玻尔兹曼原理应用的逻辑困难消除掉。但是，这里将只给出它的一般的表述和它在一些非常特殊的情况中的应用。

如果谈论一个体系的状态的概率是有意义的，而且如果可以把熵的每一增加都理解为向概率更大的状态过渡，那末，一个体系的熵 S_1 就是它的瞬时状态的概率 W_1 的函数。因此，如果有两个彼此不发生作用的体系 S_1 和 S_2，那末我们就可以设：

$$S_1 = \varphi_1(W_1),$$
$$S_2 = \varphi_2(W_2),$$

如果我们把这两个体系看成是熵为 S 和概率为 W 的单独体系，那末就得到：

$$S = S_1 + S_2 = \varphi(W),$$

和

$$W = W_1 \cdot W_2.$$

后一个关系式表明，这两个体系的状态是互相独立的事件。

从这些等式得出：

$$\varphi(W_1 \cdot W_2) = \varphi_1(W_1) + \varphi_2(W_2),$$

并且最后由此得出：

$$\varphi_1(W_1) = C\ln(W_1) + 常数,$$
$$\varphi_2(W_2) = C\ln(W_2) + 常数,$$
$$\varphi(W) = C\ln(W) + 常数.$$

所以量 C 是一个普适常量；从气体动理论得出它的数值等于 R/N，而常量 R 和 N 具有前面已给出过的同样的意义。如果 S_0 表示所考察体系处于某一初始状态时的熵，而 W 表示熵为 S 的一个状态的相对概率，那末我们由此一般地得到：

$$S - S_0 = \frac{R}{N} \ln W.$$

现在我们讨论下面一种特殊情况。设在体积 v_0 中有一定数目 (n) 的运动质点(比如分子),我们要对它们进行考察。除了这些质点之外,该体积中还可以有任意多的其他任何类型的运动质点。对于所考察质点在该体积中运动所遵循的规律,我们不作任何假定,只是就这种运动而论,没有任何一部分空间(以及在它里面任何一个方向)可以比其他部分(以及其他方向)显得特殊。此外,假定这些所考察的(先前提到的)运动质点的数目是如此之小,以至这些质点间的相互作用可以忽略不计。

所考察的这个体系可以是,比如说,一种理想气体或者一种稀溶液,它具有一定的熵 S_0。让我们设想,体积 v_0 中有一个大小为 v 的分体积,全部 n 个运动质点都集合到体积 v 中,但此体系没有发生其他什么变化。对于这种状态,熵显然具有不同的数值 (S),现在我们要用玻尔兹曼原理来确定熵的差值。

我们问:后面提到的状态相对于原来的状态的概率有多大? 或者问:在给定的体积 v_0 中的所有 n 个彼此互不相关地运动的质点在随机选择的一个瞬间(偶然地)聚集在体积 v 内的概率有多大?

这个概率是一个"统计概率",对于这个概率人们显然可以得到其数值为:

$$W = \left(\frac{v}{v_0}\right)^n;$$

通过应用玻尔兹曼原理,人们由此得到:

$$S - S_0 = R\left(\frac{n}{N}\right)\ln\left(\frac{v}{v_0}\right).$$

从这个等式很容易用热力学方法得出玻意耳—盖吕萨克定律以及

类似的渗透压定律,*值得注意的是,我们在推导这个等式时不必对分子运动所遵循的定律作出任何假定。

6. 按照玻尔兹曼原理解释单色辐射熵对体积的依赖关系的表达式

在第4节中,关于单色辐射的熵对体积的依赖关系,我们已求得如下的表达式:

$$S - S_0 = \frac{E}{\beta\nu}\ln\left(\frac{v}{v_0}\right).$$

如果我们把这个公式写成

$$S - S_0 = \frac{R}{N}\ln\left[\left(\frac{v}{v_0}\right)^{\frac{N}{R}\frac{E}{\beta\nu}}\right]$$

的形式,又把这个表达式同表示玻尔兹曼原理的一般公式

$$S - S_0 = \frac{R}{N}\ln W$$

相比较,那末我们就可以得到下面的结论:如果频率为 ν 和能量为 E 的单色辐射被(反射壁)包围在体积 v_0 中,那末,在一个任意选取的瞬间,全部辐射能量集中在体积 v_0 的部分体积 v 中的概率为

$$W = \left(\frac{v}{v_0}\right)^{\frac{N}{R}\frac{E}{\beta\nu}}.$$

从这里我们进一步得出这样的结论:低密度单色辐射(在维恩辐射公式有效的范围内)在热力学上的性状犹如它是由量值为 $R\beta\nu/N$ 的彼

---

* 如果 E 是体系的能量,那末我们可以得到:

$$-d(E - TS) = pdv = TdS = R\frac{n}{N}\frac{dv}{v}\,;\ [6]$$

因此

$$pv = R\frac{n}{N}T.$$

此独立的能量子所组成。[7]

我们还想把"黑体辐射"能量子的平均值和同一温度下分子的质心运动的平均动能相比较。后者等于 $\frac{3}{2}(R/N)T$,而关于能量子的平均值,根据维恩公式,我们得到:

$$\frac{\int_0^\infty \alpha\nu^3 e^{-\frac{\beta\nu}{T}} d\nu}{\int_0^\infty \frac{N}{R\beta\nu} \alpha\nu^3 e^{-\frac{\beta\nu}{T}} d\nu} = 3\frac{R}{N}T.$$

如果有(密度足够低的)单色辐射,就其熵对体积的依赖关系来说,好像辐射是由大小为 $R\beta\nu/N$ 的能量子所组成的不连续的介质一样,那末,接着做这样的研究似乎是合乎情理的:光的发射和转化的定律是否也具有这样的性质,就像光是由这样一种能量子所组成的一样。下节我们将对这个问题进行探讨。

7. 关于斯托克斯定则

设有一种单色光通过光致发光转化为另一种频率的光,而且按照刚才所得的结果假定,不但入射光,而且发射光都由大小为 $(R/N)\beta\nu$ 的能量子所组成,其中 ν 是有关的频率。于是,这种转化过程可以解释如下。每一个频率为 ν_1 的入射[光]的能量子被吸收了——至少在入射[光]能量子分布密度足够低的情况下——并且单靠它本身就引起另一个频率为 ν_2 的光量子的产生;也可能在吸收入射光量子的时候能够同时引起频率为 ν_3,ν_4 等等的光量子的发射以及产生其他种类的能量(比如热)。至于在怎样一种中间过程下达到这个最终结果,那是无差别的。如果不把光致发光物质看作一种能够不断提供能量的源泉,那末,按照能量守恒原理,一个发射[光的]能量子的能量不能大于产生它的光量子的能量;因此关系式

$$\frac{R}{N}\beta\nu_2 \leqq \frac{R}{N}\beta\nu_1$$

或者

$$\nu_2 \leqq \nu_1$$

必定成立。这就是著名的斯托克斯定则。

应当特别强调指出的是,根据我们的见解,在弱的照度的情况下,发射的光量必定同入射光的强度成正比,因为每一个入射光的能量子都会引起上面所述的这类基元过程,而同其他入射光的能量子的作用无关。特别是,对于入射光的强度来说,不存在这样一个下限,即当光的强度低于这个下限时,光就不能起激发荧光的作用。

根据上面所说的对一些现象的理解,对于斯托克斯定则的偏离只有在下列情况下才是可以想象的:

1. 如果每单位体积内同时在转化中的能量子的数目大到使发射光的一个能量子能够从几个入射[光]的能量子那里获得它的能量;

2. 如果入射(或者发射)光不具有相同于维恩定律适用范围内黑体辐射那样的能量分布;比如,如果产生入射光的物体温度很高,以至对于所考察的光波波长,维恩定律已不再有效了。

后者的可能性值得特别注意。按照刚才已经阐明的见解,这并不排斥这样的可能性:一种"非维恩辐射"即使在密度很低的情况下,在能量方面,也可以显示出一种不同于维恩定律适用范围内黑体辐射的性状。

8. 关于固体通过照度而产生阴极射线

关于光的能量连续地分布在它经过的空间之中这种通常的见解,当试图解释光电现象时,遇到了特别大的困难,勒纳先生已在一篇开创性的论文*中说明了这一点。

按照入射光由能量为$(R/N)\beta\nu$的能量子所组成的见解,用光来产生阴极射线可以如下方式来解释。能量子穿透物体的表面层,并且它的能量至少有一部分转换为电子的动能。最简单的设想是,一个光量子把它的全部能量转移给单个电子;我们要假设这是能够发生的情况。可是,我们不排除电子只从光量子那里吸收一部分能量的可能性。

一个在物体内部被供给了动能的电子当它到达物体表面时已经失去了它的一部分动能。此外,还要假设,每个电子在离开物体时必须做一定量的功P(这是该物体的特征)。以最大的垂直速度离开物体的电子多半是那些在表面上朝着垂直方向被抛射的电子。这样一些电子的动能是:

$$\frac{R}{N}\beta\nu - P.$$

如果使物体充电到具有正电势Π,并为零电势的导体所包围,又如果Π正好大到足以阻止物体损失电荷,那末,必定得到:

$$\Pi\varepsilon = \frac{R}{N}\beta\nu - P,$$

这里ε表示电子电荷;或者

$$\Pi E = R\beta\nu - P',$$

这里E是1摩尔单价离子的电荷,而P'是这一负电荷量相对于这物体的电势。**

如果我们设$E = 9.6 \times 10^3$,那末$\Pi \cdot 10^{-8}$就是当物体在真空中被辐照时获得的以伏特计量的电势。

为了看看上面导出的关系式在数量级上是不是同经验相符,我们

---

* P. Lenard, *Ann. d. Phys.* 8 (1902): 169, 170.

** 如果我们假设,单个电子只能借助消耗一定量的功,被光从一个中性分子中分离,那末我们也不必对这里导出的关系式作什么修改;而只要把P'看作两个相加项之和就行了。

假设 $P' = 0, \nu = 1.03 \times 10^{15}$（这对应于太阳光谱的紫外边界），而 $\beta = 4.866 \times 10^{-11}$。我们得到 $\Pi \cdot 10^7 = 4.3$ 伏特，这个结果同勒纳先生的结果在数量级上相符。*

如果所导出的公式是正确的，那末 Π 作为入射光频率的函数用笛卡儿坐标来表示时，必定是一条直线，它的斜率同所研究的物体的性质无关。

就我所知道的来说，我们的这个光电效应的见解同勒纳先生所观测到的它的性质的确有矛盾。如果入射光的每一个能量子独立地（同一切其他能量子无关）把它的能量传递给电子，那末，电子的速度分布，即所产生的阴极射线的性质就同入射光的强度无关；另一方面，在其他条件都相同的情况下，离开物体的电子数同入射光的强度成正比。**

对上述定律的可能的适用范围，可以作出一些评述，这些评述类似于对斯托克斯定则的可能偏离所作的评述。

前面已经假定，在入射光的量子中至少有一部分是把每个量子的能量完全传递给了单个电子。如果我们不作这种显而易见的假定，那末上述最后一个等式就得以下面的不等式来代替：

$$\Pi E + P' \leqq R\beta\nu.$$

对于阴极射线发光（它构成刚才所考察的过程的逆过程）来说，我们通过一种与上面类似的考察得到：

$$\Pi E + P' \geqq R\beta\nu.$$

就勒纳先生所研究的那些物质而论，PE 总是远远大于 $R\beta\nu$，[8]因为阴极射线为了刚刚能够产生可见光所必须通过的电压，在某些情况下达到几百伏特，而在另一些情况下则有几千伏特。*** 因此必须假设，一个

---

* P. Lenard, *Ann. d. Phys.* 8（1902）：165, 184, table Ⅰ, fig. 2.

** P. Lenard, *loc. cit.*, pp. 150, 166—168.

*** P. Lenard, *Ann. d. Phys.* 12（1903）：469.

电子的动能将用于产生许多个光能量子。

9. 关于用紫外光使气体电离

我们必须假设,在用紫外光使气体电离时,一个被吸收的光能量子用于电离一个气体分子。由此得出,一个分子的电离能(也就是把它电离时理论上必需的功)不可能大于一个被吸收的能够产生这种效应的光量子的能量。如果我们用 J 表示每摩尔的(理论上的)电离能,那末,就得到:

$$R\beta\nu \geqq J.$$

根据勒纳的测量,对于空气,最大的有效波长大约是 1.9×10^{-5} 厘米;因此

$$R\beta\nu = 6.4\times10^{12}\text{尔格} \geqq J.$$

关于电离能的上限我们也可以从稀薄气体的电离势得到。根据斯塔克*的工作,对于空气,测得的最小的电离势(在铂阳极上)约为10伏特。** 于是得到 J 的上限为 9.6×10^{12},这数值差不多等于刚才所求得的值。还有另外一个结论,对于它的实验检验,在我看来是十分重要的。如果每一个被吸收的光能量子都电离一个分子,那末,在被吸收的光量 L 同被电离气体的摩尔数 j 之间必定存在着下列关系:

$$j = \frac{L}{R\beta\nu}.$$

如果我们的见解是正确的,那末,对于所有在没有电离时就不呈现明显的吸收作用(就有关的频率来说)的气体,这种关系都必定成立。

(*Annalen der Physik* 17 [1905]:132—148)

---

* J. Stark, *Die Elektrizität in Gasen*, p. 57 (Leipzig, 1902).

** 可是,在气体内部,对于负离子,电离势实际上要比这大4倍。

编者注

1. "真实分子"可能指那些没有离解的分子。

2. 此句中x应该是α。

3. 1905年瑞利和金斯得到了相当于爱因斯坦方程的表达式,但没有使用物质共振子。

4. 这里的"基本量子"指基本的原子常量。1901年,普朗克测定了氢原子质量、洛施密特数(N)、玻尔兹曼常量和基元电荷。

5. S指频率在ν和$\nu + d\nu$之间的辐射的熵,而$E = \rho\nu d\nu$。

6. 最后一项应该乘T。

7. $R\beta/N$相当于普朗克的"h"。

8. PE应该是ΠE。

译后记

阿尔伯特·爱因斯坦(1879—1955)是20世纪,也是人类历史上最伟大的物理学家之一。1905年,他才26岁,从大学毕业已5年,但一直未能找到大学助教或中学教师的职位,只好在瑞士专利局工作。当时他已结婚,有了一个男孩,家累不轻。他利用业余时间,在一年内,发表了5篇划时代的物理学论文,创造了科学史上的一大奇迹。

他的论测定分子大小和布朗运动的论文(本书论文1、论文2),发展了经典物理学中的统计力学和分子动理论,为论证原子的实在性提供了有力的根据。

他的论狭义相对论的两篇论文(本书论文3、论文4)否定了牛顿的绝对时空观,摒弃了当时流行的以太观念,建立了物理学的新的运动学基础,解决了牛顿力学和麦克斯韦电动力学之间的冲突,把经典物理学推向了高峰。他关于质能等效性的推论展示了核能利用的远景。

他的论光量子的论文(本书论文5)突破了经典物理学的框架,揭示了经典物理学的局限性,是量子论发展进程中的重要里程碑。

当代杰出理论物理学家彭罗斯为本书写的序言,回顾了20世纪前历史上对物理世界理解的三次革命(古希腊,17世纪和19世纪),和20世纪用相对论和量子论概括的两次非凡的革命。而爱因斯坦在1905年就为这两次革命奠定了基础。序言最后讨论了支配微观世界的量子论定律和支配宏观世界的广义相对论(爱因斯坦后来取得的最高成就)的基本原理之间的冲突,这一冲突的解决,期待着一场新的物理学革命,期待着另一个(21世纪的)创造奇迹的年代。

施塔赫尔写的导言首先将牛顿的1666年同爱因斯坦的1905年作了对比。然后对爱因斯坦于1905年在扩展、修正并完善经典物理学传统,揭示经典物理学的局限,推进20世纪的物理学革命方面所作的贡献作了概述。编者为本书4个部分写的前言,对于爱因斯坦各项工作的背景、研究和写作过程、发表后的反应(包括被物理学界接受的过程)及其对物理学的贡献和影响,均作了阐述。所以本书是有关20世纪物理学史的一本很有价值的著作。

1979年,爱因斯坦诞辰100周年之际,美国科学史家布拉什发表了一篇论文《1905年的科学革命——爱因斯坦、卢瑟福、钱伯林、威尔逊、斯蒂文斯、比奈、弗洛伊德》*,指出,在1905年前后,除了爱因斯坦,在物理学、数学、天文学、地球物理学、化学、生物学、心理学、人类学以及技术领域,都有革命性的发展。所以,爱因斯坦在1905年的奇迹,并不是一个偶发的、孤立的事件。为什么在20世纪初,在科学技术领域,会出现这些奇迹,这也是科学技术史研究的一个有意思的课题。

本书发表的爱因斯坦的5篇论文,1977年商务印书馆出版的《爱因斯坦文集》第二卷(范岱年、许良英等编译)都已译出发表了。其中爱因斯坦的前4篇论文(本书论文1—4)是许良英教授译的。范岱年译了论文5,以及本书的序言、导言、各部分的前言和全部注释,并重新校阅了全部译文。许良英教授因为视力不佳,又有别的写作计划,所以无法参加本书的校阅工作。因此,本书中如有什么错误和不当之处,一概由我负责。

许良英教授是我国翻译、研究爱因斯坦论著的先行者,也是我的良师益友。早在1946年的浙江大学物理系,他是指导我热学实验的助教。1948年10月的一天,在杭州浙大物理系的一个实验室(暗室)中,

---

* S. G. Brush, "Scientific Revolutionaries of 1905: Einstein, Rutherford, Chamberlin, Wilson, Stevens, Binet, Freud", 载 *Rutherford and Physics at the Turn of the Century*, William R. Shea 编, New York: Dawson and Science History Publications, 1979。——译者

他是我加入中共地下党入党宣誓的监誓人。1949年5月,杭州刚解放,我们一起到杭州市军管会青委从事学校方面建立青年团和发展党的工作。1952年,由于他的提名,我被调到中国科学院《科学通报》编辑室,又在他的领导下工作。1957—1958年,他和我先后都被错划为"右派分子"。从60年代初开始,他在农村劳动以及"文革"动乱期间一直在从事《爱因斯坦文集》的编译工作。我是在"文革"后期,在他的推动下,才参加该《文集》的翻译工作。今年是许良英教授的80寿辰。我愿以此书的出版,来庆祝他的寿辰,纪念我们半个多世纪的友谊,纪念我们四分之一多世纪以来在编译爱因斯坦的论著方面的合作。

最后,我要感谢樊洪业先生帮助查出 Jun Ishiwara 即日本学者石原纯;感谢陈养惠女士为打印和整理译稿付出的辛勤劳动。我也要感谢上海科技教育出版社潘涛先生为本书的编辑出版所作的种种努力。

范岱年

2000年10月9日于北京中关村

在看完本书的校样以后,我要对本书的责任编辑卞毓麟、何妙福先生致以最深切的谢意。卞、何两位先生对照原文,统校了全部译文,改正了一些错误,润色了文字,把书中的物理学专业名词统一为最新的标准译法,从而保证了本书的质量。像这样高水平而又认真负责的责任编辑,当今国内,实属罕见。

又,本书爱因斯坦的论文中的脚注,均系爱因斯坦原注。文中原有的错误,原书编者和英译者均保留原样,并在编者的尾注中指出、改正。有少数原编者所忽略的排印错误,已在中译者所加脚注中指出。敬希读者注意。

范岱年

2001年8月29日

　　《爱因斯坦奇迹年》中译本于2001年由上海科技教育出版社出版以来，已重印了多次，表明这本书很受读者欢迎。2005年，是爱因斯坦奇迹年（1905年）的100周年，美国普林斯顿大学出版社出版了本书的百年纪念版，并请本书的主编约翰·施塔赫尔写了"百年纪念版导言"。现在，上海科技教育出版社决定出版《爱因斯坦奇迹年》的百年纪念版的中译本，并列入"世纪人文系列丛书"，我应邀补译了"百年纪念版导言"。

　　这个新导言和原来的"导言"在内容上完全不重复。原来的"导言"将爱因斯坦和牛顿作了对比，并评价了爱因斯坦在1905年对物理学所作的贡献。"百年纪念版导言"主要论述了：青年爱因斯坦性格的若干对立倾向，他在其中成长的技术环境，他的思维特点，他和他的第一任夫人马里奇的关系。在这个"百年纪念版导言"的"附录"中，施塔赫尔对当时流行的虚假报道——"马里奇，一位卓越的数学家，在三项著名工作上与［爱因斯坦］合作：布朗运动、狭义相对论和光电效应"——作了有根有据的批驳。这个新导言对了解爱因斯坦，特别是青年爱因斯坦很有参考价值。我希望这个新版本能受到读者的欢迎。

　　值得一提的是，中国科学院自然科学史研究所主办的《科学文化评论》杂志2005年4月号（2卷2期）在"科学与人文·爱因斯坦年"栏目下，曾经发表过以"青年爱因斯坦：诗与真——爱因斯坦奇迹年百年纪念"为题（标题为该刊编者所加）、范岱年翻译的这个新导言的中译文（第5—41页），以及许良英教授的论文《爱因斯坦奇迹年探源》（第42—59页）。

范岱年
2007年3月25日

图书在版编目（CIP）数据

爱因斯坦奇迹年:改变物理学面貌的五篇论文/(美)约
翰·施塔赫尔主编;范岱年,许良英译. —上海:上海科技
教育出版社,2020.5(2023.11重印)
　(哲人石丛书:珍藏版)
　ISBN 978-7-5428-7280-7

　Ⅰ.①爱… 　Ⅱ.①约… ②范… ③许… 　Ⅲ.①物理
学—文集 　Ⅳ.①04-53

　中国版本图书馆CIP数据核字(2020)第056908号

责任编辑 卞毓麟　何妙福	**出版发行**	上海科技教育出版社有限公司
郑华秀　殷晓岚		(201101 上海市闵行区号景路159弄A座8楼)
封面设计 肖祥德	**网　址**	www.sste.com　www.ewen.co
版式设计 李梦雪	**印　刷**	常熟市华顺印刷有限公司
	开　本	720×1000　1/16
爱因斯坦奇迹年——改变物理学	**印　张**	15
面貌的五篇论文	**版　次**	2020年5月第1版
[美]约翰·施塔赫尔　主编	**印　次**	2023年11月第3次印刷
范岱年　许良英　译	**书　号**	ISBN 978-7-5428-7280-7/N·1094
	图　字	09-2020-018号
	定　价	45.00元